プログラミング副業入門

文系でも
はじめてでも稼げる！

日比野新
Shin Hibino

ソシム

はじめに

「プログラミングができるといいかも。」

いま、このページを見ておられるということは、そんなふうに思ったことがこれまでにもあったのではないでしょうか。しかし、

- **プログラミングってとにかく難しそう**
- **理数系の人しか無理なんじゃないの？**
- **学歴や教養の高い人じゃないと理解できないんでしょ**

このように考えてしまう、もう一人の自分がいるのも事実だと思います。

でも、安心してください。

本書ではプログラミング未経験や初心者の方に向けて、極力専門用語を使わないようにしながら、インターネットにある「情報という金脈」から必要なデータを取り出すプログラムが作れる力を身につけていきます。

◎本書の特長

これまでにプログラミングを学んだことのある方からすると、「そんな簡単にできるわけがないだろう」と思われることでしょう。その思いは、ある意味正しいです。

たしかに一般的なプログラミング専門書を見てみると、とにかくすべての機能を読者へ伝えようとして、いまは使わないようなことまで網羅されています。これは専門書という意味では正しい内容だと思いますが、初心者の方にとっては、

- **何を覚えればいいのかわからない**
- **何が作れるのかわからない**
- **何に使えばいいのかわからない**
- **わからないことがわからない**

このような状態を引き起こしてしまう理由となり、すぐに挫折してしまう原因にもなっています。

そこで本書では、通常の専門書だと３冊分に及ぶボリュームから、プログラミング副業で必要になる部分だけを抽出しています。そしてもう一つの特長としては、暗記するよりも手を動かして「できた！」を感じてもらうことを優先しています。さらに、副業のポイントとなるクライアントから信頼を獲得する方法や、スキルをマネタイズする方法についても私の経験から必要なポイントをまとめています。

初心者の方は、ここからスタートし、具体的な「モノ」を作ってみてから必要に応じて他の知識やスキルを深め獲得していけばいいでしょう。

◎プログラミングを覚えるチャンスは誰にでもある！

プログラミングを覚えるために、特別な資格や学歴や職業、年齢や性別、年収などは一切関係ありません。プログラミングは、一部の人だけが覚えるチャンスを手にする特別なものではなく、誰にでも覚えるチャンスのあるスキルです。

私自身、特別な資格や学歴はありません。誰もが知っている企業に勤めていた経歴もありませんし、誰かから羨ましがられるような才能を持っていたという記憶もありません。そんな私でも、最初は前知識も無いまま始めてみたら、そのうち「できた！」という経験をし、気がつくと30年以上にわたってIT業界にいたのです。ですから、あなたもプログラミングを特別で難しいものと考える必要はありません。

これから本書をとおして、カリキュラムを順に進めてみてください。自分の成長を感じながら、気がつくと最初は全くわからないと感じていたプログラムを作り、動かせるようになっていることでしょう。

本書を読む前に ～無料ダウンロードについて～

注意事項について

本書は、2019年9月時点の情報をもとに解説しています。本書の出版後にソフトウェアや言語がアップデートされることで、機能や画面が変更される可能性がありますが、あらかじめご了承ください。

なお、本書で解説しているソウトウェアや言語のバージョンは、主に以下のとおりです。お使いのソフトウェアや言語のバージョンの違いにより、紹介しているとおりの結果が得られない場合もあります。

・Microsoft Windows10 Home 1903（build:18362.356）
・MacOS Mojave 10.14.3
・Google Chrome（バージョン:79.0.3945.130）
・HTML5
・CSS3
・Python 3.7.5
・Anaconda 3（64bit）2019.07
・Beautiful Soup 4.8.1
・requests 2.22.0

本書に掲載したサンプル画像や各名称、設定手順は、著者独自の設定に依存するものです。WindowsやMacの初期設定やセキュリティー設定と異なる場合があります。

また本書で紹介しているフリーソフトやウェブサイトは、開発者や運営者の都合により、開発や配布の中止、運営サービス停止になることがあります。またこれらのソフトウェアのダウンロード、使用、サイトへのアクセスによって起こった損害については、出版社および著者は一切の責任を負いません。必ず自己の責任においてご使用ください。

本書で行う「ウェブスクレイピング」の利用に際しては、**法令等に違反しないようにご注意いただくとともに、当プログラムコードやサービスを悪用するような利用はご遠慮ください。**万一、違反された場合は、出版社および著者は一切の責任を負いません。必ず自己の責任において対応してください。

本書掲載の「課題」について

本書では、より理解を深めていただくためにいくつかの課題を用意しています。本書を読み進めるだけではなく、学習したことが使えるスキルになるようにご活用ください。

また課題の答え合わせは、次に説明するダウンロードしたコードと見比べて確認してください。

ダウンロードについて

本書で使用する素材や答え合わせのファイルは、以下のURLからダウンロードできます。

https://021pt.kyotohibishin.com/books/wspg/sample-download/

ダウンロードしたファイルは、本書の学習用途のみご利用いただけます。

なお、上記URLからダウンロードされたファイルを使用した結果については、出版社および著者は一切の責任を負いかねます。必ずご自身の責任でご使用ください。

目次

本書を読む前に ～無料ダウンロードについて～ ……… 5

第1章 文系でもできて役立つ プログラミング副業とは

1-1 プログラミングがあなたの人生に役立つ理由 ……… 14
1-2 プログラミングは転職や評価アップにもつながる! ……… 16
1-3 プログラミングで稼ぐのに、絶対に必要なことって? ……… 18
1-4 プログラミングで一体どうやって稼ぐの? ……… 20
1-5 稼ぐなら大人気のパイソンでプログラミングを学ぼう! ……… 26
1-6 AI やビッグデータ時代に必要なスクレイピング ……… 28
1-7 ウェブスクレイピングができるメリットは? ……… 30
column AI やビッグデータ時代に求められる人材って? ……… 32

第2章 文系の人がITで知っておきたい 最小限のことはコレ!

2-1 インターネットの基礎知識 ……… 34
2-2 ウェブページが表示される仕組み ……… 36
2-3 ウェブページには2つの種類がある ……… 38
2-4 知っておきたい3つのキーワード ……… 40

2-5 ややこしいけど頑張りたい「階層」とは 44
2-6 検索スキルで魔法の呪文を見つけよう 48
2-7 副業環境を準備してスタート! 50

課題1 サンプルページを表示しよう! 54

column 副業するときに注意したいこと 58

第3章 情報の宝庫を作って覚えて読み解こう!

3-1 スクレイピングに必須! HTMLを学ぶ理由とは 60
3-2 インターネットの情報はHTMLでできている 62
3-3 HTMLの読み解き方って? 64
3-4 HTMLの始まりと終わりを教える 66
3-5 コンピュータが読む情報・人が読む情報 68
3-6 コンピュータに追加して教えたいこと 70
3-7 人が読む情報を3つの領域に分割しよう 72
3-8 興味を引きつける見出し 74
3-9 文章を読みやすくする段落と改行 76
3-10 話のポイントを伝える箇条書き 78
3-11 インデントで自分も見やすく 80
3-12 表を使ってわかりやすく 82
3-13 ネットに必要なリンク 86

3-14 画像を表示してみよう 88
3-15 画像に説明を入れてみよう 92
3-16 プロが使うグループ化の方法 94

課題2 簡単なウェブページを作ってみよう! 96

column 勉強ばかりで副業できない人になっていませんか? 102

第4章 装飾された情報を作って覚えて読み解こう!

4-1 よりスクレイピング技術をアップするCSSって? 104
4-2 ウェブページのデザイン「CSS」とは 106
4-3 CSSの読み解き方 108
4-4 CSSが置かれている場所を知っておこう 113
4-5 文字の色を変えて注目度アップ! 116
4-6 文字の大きさを変えて視線を止めよう 118
4-7 横幅を変えて見やすくしよう 121
4-8 文字や画像の表示位置を変えて見やすくしよう 123

課題3 ウェブページをデザインしてみよう! 126

column 副業を単発で終わらせないコツ 130

第5章 ウェブページから情報を手に入れる「ウェブスクレイピング」

5-1 ウェブスクレイピングって何なの？ …… 132
5-2 ウェブスクレイピングする方法 …… 134
5-3 ちまたで人気のパイソンを選ぶ理由 …… 136
5-4 スクレイピングプログラミング環境を準備しよう …… 138
5-5 文字と数字を表示してみよう …… 140

本書における「パイソンプログラムの動かし方」のまとめ …… 147

5-6 文字と数字を使ってみよう …… 149
5-7 情報（値）をグループにまとめよう …… 156
5-8 まとめた情報（値）を順番に取り出そう …… 159
5-9 インデント（字下げ）を覚えよう …… 162
5-10 情報を判断して流れを変えよう …… 164
5-11 天才が作ってくれた機能を使う方法 …… 169
5-12 HTMLから情報を抜き取る方法 …… 172

無料特典 「課題4 自分で作ったページから情報を抜き出そう!」について …… 177

column パイソンはパソコンじゃなくても学べる! …… 178

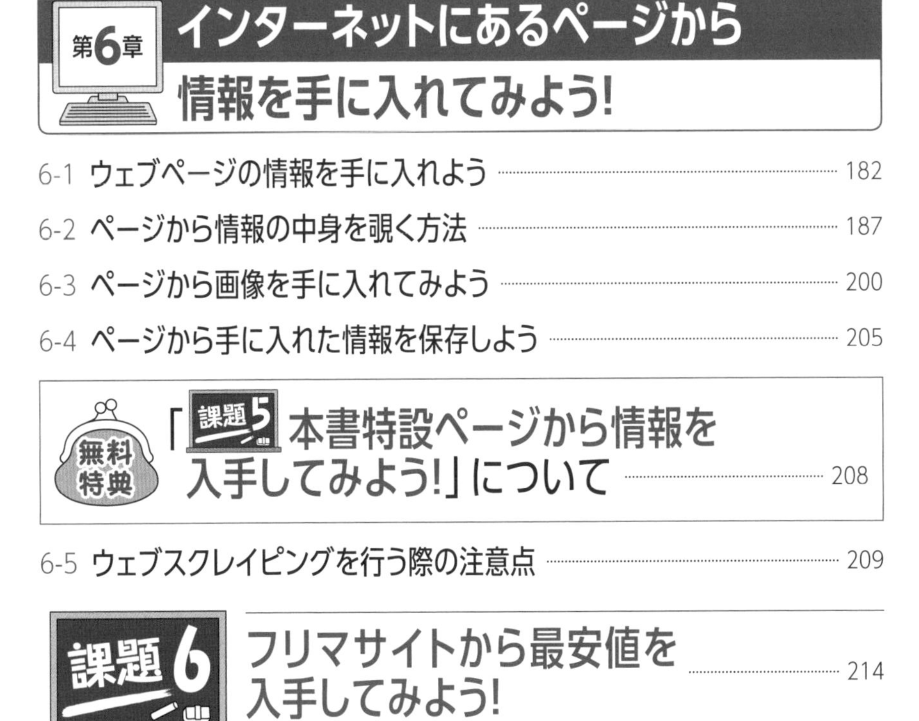

第6章 インターネットにあるページから情報を手に入れてみよう!

6-1 ウェブページの情報を手に入れよう …… 182

6-2 ページから情報の中身を覗く方法 …… 187

6-3 ページから画像を手に入れてみよう …… 200

6-4 ページから手に入れた情報を保存しよう …… 205

無料特典「課題5 本書特設ページから情報を入手してみよう!」について …… 208

6-5 ウェブスクレイピングを行う際の注意点 …… 209

課題6 フリマサイトから最安値を入手してみよう! …… 214

6-6 スクレイピングスキルをマネタイズする方法 …… 239

column 解釈の違いでうまくいかないこともある …… 242

さらに、いつも「貸出中で稼ぐ」ための方法も紹介!

7-1 ウェブアプリケーションで稼ごう ………… 244
7-2 データ分析で稼ごう ………… 249
7-3 キッズプログラミングで稼ごう ………… 252
7-4 フリーランスで自由に稼ごう ………… 255
7-5 スキルを味方に転職で稼ごう ………… 259

●おわりに ………… 262

●著者紹介 ………… 263

第1章

文系でもできて
役立つ
プログラミング副業とは

1-1 プログラミングがあなたの人生に役立つ理由

「プログラミング」って最近よく聞くんですけど、何がそんなにすごいんですか？

確かに、ちょっと過熱気味な雰囲気もありますね。でも、プログラミングは間違いなく、長くお金を稼ぐスキルになる可能性が高いです。人生100年時代、年金2000万円問題、お金はいっぱい稼いでおかないとね。

お金が稼げるんですか？　なんか「プログラミング」って、できると頭良さそうだし。興味あります！

実は、「プログラミング」は副業に向いている

プログラミングはパソコン1台あれば、どこででもできます。自宅でもカフェでもOK。また季節にも影響されにくく、体をフルに使う仕事でもないので、**1年中どこからでもできるのは**副業する上で大切なポイント。このような他の仕事では見つけにくい条件も、プログラミングは簡単にクリアできてしまうのです。

プログラミング副業って何をするの?

誰かの手間を省くために簡単な操作で自動的に働いてくれるものを、専用の言語で作っていきます。

代表的なプログラミング副業としては、次のようなものがあります。

- **ホームページ制作**
- **ウェブアプリケーション開発**
- **AIに関係するプログラム開発**

どれも普段、私たちが意識せずにスマホやパソコンから利用しているサービスになっていることもありますよね。

プログラミング副業はあなたの未来を変える

プログラミングを副業からスタートすることで、収入を得ながら手に職をつけることが目指せます。またこれからの時代、どのような仕事にでもプログラムやAIは深く関連してくることは間違いありません。

そのような状況がわかっていながら「自分にはわからない」という気持ちでいると、収入源がなくなる可能性も出てきます。反面、少しでも先にプログラミングに興味を持ち始めた人は、様々なシーンで活躍できる可能性も秘めています。

もし、あなたが活躍する人を横目に、指をくわえてうらやましそうに見ているだけの未来でいいのなら、プログラミングは必要ないでしょう。しかし、いつの時代でも**頼られる存在でありたい**のなら、いまこの瞬間に何をチョイスするのかで、未来のチャンスが変わってきます。

だからといって、いきなり「プログラミングで転職や独立をしましょう」みたいなことを言うつもりはありません。まずは小さな金額からでもいいので、プログラミングという長く使える手に職を身につけ、副業から始めてみてください。

間違いなく、あなたの未来に役立ちますから！

1-2 プログラミングは転職や評価アップにもつながる！

プログラミングって、転職にも役立つんですか!?

そうなんです。これからの時代、どのような業種や業界でも、ITを切り離して仕事をするのは大変難しいですよね。実は、あなたが働いてみたい業界へチャレンジしやすいスキルこそが、プログラミングなんです。

なぜ、プログラミングが転職に有利なのか

あなたのまわりを見渡してみてください。どのような商売をされているところでも、コンピュータが使われています。コンビニならレジや商品の注文に、大型スーパーなら会員情報やお客様の購入履歴などをコンピュータが管理していますよね。

通信販売を考えてみましょう。いまや、電話やFAXで注文するケースは減っています。現在の通信販売というと、インターネットからの注文がメイン。

ということは、

- 商品を見せる
- 商品を選ぶ
- 商品を購入する
- 商品の配送状況を見る

これ、全部コンピュータで行われています。そして会社の中を見てみると、経費の申請、会計処理、給与管理、お金の振込などコンピュータで行うことがほとんど。

こういった状況になっていますから、コンピュータを思いのまま動かすために必要なスキルである「プログラミング」は、どのような業種や業界でも必要ですし、今後は益々需要が増えていくと予測されています。

プログラミングは評価アップにもつながる!

今働いている会社で「もっと給料が増えればいいのに！」と考えている人は、どれくらいいるでしょうか。

ここで手を挙げてもらっても見えないので残念ですが、おそらく90%以上の人がそう考えていると思います。

こういった思いを抱いている方にこそ、プログラミングというスキルが**「想いを現実」にできる可能性を秘めている**という事実を知って欲しいです。

先ほどもお話しましたが、これから仕事の現場ではITを切り離して考えることはできません。これはあなたが働いている会社でも同じこと。だから、あなたがプログラミングスキルを身につければ、会社はあなたを今以上に必要な人材だと評価してくれることでしょう。

そうすると、あなたは給与アップの交渉がしやすくなります。私自身、派遣社員時代に時給を1.5倍に引き上げた経験があります。自分の身につけたスキルで勝負できると、誰かに邪魔されて足を引っ張られることも減ります。

誰かのご機嫌をとり続けて昇給昇進のチャンスを伺う必要も少なくなるでしょう。

プログラミングは副業だけでなく、転職や安定した収入を得られる会社での評価アップにも効果的なのです。

1-3 プログラミングで稼ぐのに、絶対に必要なことって？

プログラミングって、自分の好きな働き方や好きな業界へチャレンジするときに役立つんですね！

そうですね。プログラミングスキルを持っている人はまだ多くないですし、人材不足はいつの時代でも言われていますからね。働き方を選びやすいスキルだと言えますよ。

プログラミングで稼ぐのに、絶対に必要なことって何かありますか？　やっぱり、プログラミングスキルですか？

心の準備をしておこう

プログラミングは「お金を稼ぐことができるスキルなんだ」ということを覚えておいてください。

これは奇妙な話ですが「プログラミングは趣味のもの」と覚えてしまうと、そのように思考が働き出してしまい、「お金を生み出す」方法に**アンテナが反応しづらく**なります。

だから、まずは「稼げる」という意識を強く持つことが大事なのです。

プログラミングスキルだけじゃダメ

プログラミングのスキルを持っていても、お金を稼げるかどうかは別の話。私も以前、かなりのスキルをお持ちの方と出会ったことがあります。でも、この方は全く稼げていませんでした。「どうしてこれだけのスキルがあるのに稼げていないんだろう」と思い、お話を聞いてみると……。

実は、単純な理由があったのです。それは次からお話しするような、基本的な「稼ぐ」ポイントを理解されていなかったからでした。

ポイント1：稼ぐためにはお客様（クライアント）が必要
ポイント2：稼ぐためには人との関係性構築が重要
ポイント3：稼ぐためには自分の得意を知ることが大切

いかがでしょうか？
全部、「あたりまえ」のことばかりですよね。でも、こういった部分をきちんと理解しておかないと、**「勉強熱心」なだけでお金を稼げない人**になってしまう可能性が高くなります。

ということで、プログラミングで稼ぐのに一番大切なことは、「技術を持ったサービス業」という認識を持つことが大切だと私は思っています。

正直なところ、バリバリの凄腕エンジニアが全員稼げている訳ではありませんからね。いくらスキルを持っていても、会社勤めで得た給与だけが自分の収入という人もいるのが現実です。

1-4 プログラミングで一体どうやって稼ぐの？

うーん、サービス業ですか・・・。

サ　ビス業は苦手ですか？

だって、相手の顔色を見たり、機嫌を取ったりしないといけないんでしょ？　嫌ですよそんなの。

少しはそういうことも必要ですけど、ポイントを知っていれば「プログラミングで稼ぐ」場合のサービス業は、一般的に思われているサービス業よりも苦手意識をなくしてもらいやすいと思いますよ。

プログラミングで稼ぐ場合の流れ

プログラミングで稼ぐ場合、大まかな流れを知っておくと自分がどこに立っているのかがわかり、迷子にならなくなります。また、先のことがわかるとペース配分を自分で調整しやすくなるでしょう。**地図を持たない旅よりも、地図を持って旅する方が簡単**なのと同じ理屈ですね。

(1) 自分の得意なことを洗い出そう

仕事で得た知識や経験、趣味で得た知識や経験などなど、誰にでも自分の得意分野があるはずです。

⑵ 自分のスキルを冷静に観察しよう

このことは、稼ぐために必要な「納期」「価格」を決めるためにも重要なポイントになります。

⑶ 自分のできるものを用意しよう

ポートフォリオと呼ばれるものです。「ここまでは自分ができますよ」と相手に知ってもらうためのサンプル商品です。

⑷ クライアントの獲得活動をスタートしよう

最近では、クライアントさんを見つける方法も多岐に渡ります。昔からあるのは、次のような方法です。

[1] 友人から仕事を受ける
[2] 知人から仕事を受ける
[3] 交流会に出て仕事を受ける
[4] セミナーから仕事を受ける
[5] コミュニティーへ参加して仕事を受ける
[6] クラウドソーシングから仕事を受ける
[7] スキルを提供するところから受ける
[8] ブログから受ける

特に6番のクラウドソーシングは、スマートフォン１台で簡単に案件を探せますので、多くの方が利用しています。

代表的なクラウドソーシングは、次のとおりです。

・クラウドワークス
・ランサーズ
・@SOHO

クライアントの獲得で注意するポイント

最初のころは「数が勝負」という面があります。1人との出会い、1度のやりとり、1度の応募で決まることはまずありません。100の行動で1の成果があれば成功だと考えましょう。

クライアントとのやりとりを始めるとき、これは応募のときからですが、丁寧な対応を心掛ける必要があります。**普段の自分ではなく「仕事モード」の自分に切り替えましょう**。残念な人に多いのは、応募の段階や出会った段階で次のような傾向が見られるタイプ。

- とにかく自分のことばかり伝えてくる人
- LINEで友人とやりとりしているような文章を送ってくる人
- 理由はわからないけれど偉そうな対応の人

このような傾向の人は、初対面での印象が良くありません。選ばれる可能性はグンと下がります。

レスポンスを速くする

クライアントやクライアント候補から連絡があった場合、すぐにレスポンス（返信や対応）ができない場合でも、24時間以内には何らかの返答をしましょう。レスポンスの遅い人に「仕事を任せられる」ことはほとんどありません。

それと、クライアントが何を欲しいと考えているのか、常に考えて行動することも大切です。

クライアントとの関係性は継続を意識しよう

1度の依頼だけでクライアントとの関係性が終わってしまっては、大変もったいないです。依頼されるまでの労力を考えると、2度、3度と依頼してもらいたいと思いませんか？

また、できるだけ同じクライアントと仕事をする方が、お互いに安心感も高いのでスムーズにやりとりや仕事が進みます。

丁寧な対応から関係性を継続しましょう。

疑問は先に解決！

依頼された仕事をするとき、慣れていても1つや2つは疑問を持つような部分が出てきます。自分の知らないことなので、短時間で解決策がひらめくことはありません。そんな時は、クライアントへ質問することを心掛けましょう。「わからない自分」を素直に認めることも大切なのです。

プログラミングで稼ぐことは簡単なこと

さて、ここまでお伝えしたことは、社会人として必要とされる「あたりまえ」のことばかりです。特に目立った「秘技」や「魔法」のようなものはありません。ということは、特別な接客能力やサービス業での経験がなくても、誰でも簡単にできるということなんです。

『そうは言っても、クライアントなんて本当にいるんですか？』

この質問、これまでに何度も聞きました。そして私自身、この疑問は今でも持っています。

どうしてこの疑問を持つのかというと、人との出会いや人間関係については、「思うように進む」ことは「ほぼ」ないからです。

だからこそ、これから出会う人は「全員クライアント候補」という意識を持って対応することで、あなたに依頼したい人が目の前に現れてくるのだと思います。

このようにお伝えすると「神頼み」のようですが、私の経験から言うと、神頼みは間違っていないんじゃないかと思います。私たちができることは、良い話が出てきたときに

「はい！　ぜひ自分にやらせてください！」

と言える準備をいつもしているかどうかだけ。

実際に私自身、会社員から副業を始めたときは「棚ぼた」のような出会いから依頼がスタートしました。そして関係性を維持することで次の依頼をいただくようになり、紹介から次のクライアントとの関係が始まったという経緯があります。

また、今あなたが読んでおられるこの本も、「棚ぼた」のように出版社の編集さんから執筆の話が届いた結果です。

私たちが仕事を獲得するときにできること

まとめると、次のようになるのかなと思います。

- **いつでも依頼を受けられるように準備しておく**
- **いつも丁寧な対応を心掛ける**
- **自分のやりたいことを出会った人に伝える**
- **相手の視点で考える**

そして、とにかく「行動し続ける」こと。
がんばりましょう！

1-5 稼ぐなら大人気のパイソンでプログラミングを学ぼう！

どうして今回、パイソンを推すんですか？

これからプログラミングスキルを身につけて稼ごうと考えているのなら、将来性の高い方が楽しいですよね。

それはそうだけど、学んだけれど使えなくちゃ意味がないですよ。

そのとおり。だからこそ「パイソン推し」なんです。

パイソンがどうして注目されているのか

プログラミングを学ぶために使える言語には様々なものがあります。例えば、次のようなプログラミング言語が代表的です。

- C言語（C#とかC++）
- Java
- PHP
- Ruby
- Go言語
- Scala
- Swift

これらは今現在、システム開発やアプリ開発の現場で広く使われています。しかし、今後の時代の流れを考えると、「AI」や「機械学習」というキーワードを無視することはできません。

そこで「AI」や「機械学習」にも強くて、テキスト解析や科学技術計算も得意で、さらにグーグルなどでも活用されている「パイソン（Python）」が注目されているのです。

あなたがパイソンを学ぶべき理由

このような時代の流れの中で、これからあなたがわざわざ時間を使って学ぶのなら、**「AI」や「機械学習」にも強いプログラミング言語**を学んでおきたいはず。

さらに、初めてプログラミングを学ぶ人には

- **わかりやすい**
- **簡単に動く**

この2点、すごく重要ですよね。

「将来性」と「手の出しやすさ」という条件を満たしているのが、他でもない、今大人気の「パイソン」なのです！

1-6 AIやビッグデータ時代に必要なスクレイピング

パイソンの素晴らしさはわかったんですけど、パイソンで何を作ればいいんですか？　いつも思うんですけど、作るための技術を聞いても、具体的に何を作れるのかイメージできないんですよね。

鋭いことを言いますね。たしかにそのとおりです！

AIやビッグデータ時代に必要なものを作ろう

パイソンを学んでも、何が作れるのかイメージできないと「勉強した！」というだけで終わってしまいます。確かにプログラミング言語を学ぶと、どんなものでも作れる基礎が手に入りますが、具体的に作れるものをイメージすることは簡単ではありません。

そこで今回は、あなたも興味のある「AI」や「機械学習」「ビッグデータ」「データサイエンス」という言葉が飛び交う中で必要とされる

「インターネット上にある膨大なデータ」

これを集めるプログラムを、パイソンで作っていきたいと思います。

データが無いと始まらない時代の到来！

インターネット上には膨大なデータが存在しています。ホームページ、通

販サイト、SNSに文字データや画像データなど、

- **AI**
- **機械学習**
- **データサイエンス**

このような高額収入を可能にしている分野で必要とされる、ビッグデータの原石となるデータが溢れかえっているのです。

これからのビジネスでは、**「データ」が無いと議論すら始められません**。ビジネスが上手く行っているのか、何か間違っているのかを知るには、データから読み解く必要が出てきています。

また、自動運転や画像解析技術は、確実に私たちの暮らしに入ってきていますが、こういった技術は「データ」が無いと高性能になることはありません。

ウェブスクレイピング!

このような理由から、今回あなたに学んでもらいたいのは、これからの未来に間違いなく必要となる、「データ」を集めるためのプログラムである

ウェブスクレイピング

これなのです！

1-7 ウェブスクレイピングができるメリットは？

へ〜、ちょっとおもしろそうですね。でも「うぇぶすくれいぴんぐ？」ができるメリットって、自分とかけ離れていてピンとこないんですけど。

ちょっと身近なところから見ていきましょうか。そうすれば、メリットがわかってくるかもしれません。

どういった目的で使うの？

ウェブスクレイピングという仕組みは、データを集めることが目的です。では、集めたデータをどういったシーンで使うのかというと

- **お金を生むこと**
- **人助けになること**

こういったシーンで使われることが多いです。

例えば、お金を生むことであれば、

- **会社なら競合のデータを集めてマーケティングに利用**
- **投資をしている人なら株価情報を集めて利用**
- **転売をしている人なら競合の価格情報を集めて利用**

人助けになることであれば

- **SNSのメッセージを集めて「うつ」につながるパターン見つける**
- **ブログのメッセージを集めて「いじめ」につながるパターンを見つける**

こんな感じですね。

本当にデータは超貴重!

今の時代、データを持っている人が、かなりの確率で有利なポジションを獲得することになります。これはFacebookやGoogle、Amazonを見ればわかります。彼らは膨大な個人情報を保有しているからこそ、

- **この人、友達かも！**
- **この商品、欲しかったんじゃないですか？**
- **あなたにオススメの商品はこれです！**

といったアプローチができ、新しい価値や資金を生み出すことができているのです。

私たちも、自分に必要なデータを自分で獲得することで、**「お金」や「人助け」に活用**していくことができます。これは、未来に続く大きなメリットだと言って間違いありません。

column

AIやビッグデータ時代に求められる人材って？

AIの登場で「消えていく仕事」が取り上げられることが増えました。どうして消えていく可能性があるのかというと、人でなくても判断できる内容の仕事だからでしょう。

例えば、携帯電話ショップなどは、お客様本意と言いながらも、自分たちのルールを譲ることはありません。銀行の窓口も同じですね。人間味のある対応が前提ではなく、自分たちのルールが前提になっています。

こういった性格を持っている仕事は、機械で判断することが簡単なのです。だって「思いやり」や「忖度」は必要なく、

「AならB」「BならC」「Dならできません」

というコンピュータが最も得意とする流れで仕事の仕組みができているのですから。

このようなポイントを理解していただくと、AIやビッグデータ時代の到来とともに「求められる人材」とは、

- **人間でしか判断できないことができる**
- **自分で情報を集めて分析できる**
- **臨機応変な対応や行動ができる**

自分で考え仕事や活動をする人が求められているのだと感じます。

あなたの仕事は、どちらに入るでしょうか？

第2章

文系の人がITで知っておきたい最小限のことはコレ!

2-1 インターネットの基礎知識

じゃあ早速、「ウェブスクレイピング」を教えてください！

それでは、「ウェブスクレイピング」の仕組みを作っていきましょう！と言いたいところなんですが……。

なんですか？

仕組みを作る前に、まずは3つのことを知っておいてもらいたいんです。

3つもですか？　面倒だなぁ。いきなり興味なくなってきたんですけど。

ウェブって何なの？

「ウェブスクレイピング」という言葉の先頭にあるワード「ウェブ」、これは何を指しているのでしょうか？

「ウェブ」は、アルファベットで「Web」と書きます。そして正確には、「World Wide Web（ワールド・ワイド・ウェブ）」というのです。私たちが普段パソコンやスマートフォン、タブレットなどで見ているページ（ホームページとかブログとか通販サイトとか）を指しています。

インターネットとウェブは違うの？

このように思われた方もいらっしゃるでしょう。「インターネット＝ウェブ」という認識でもこれはこれで問題ないのですが、できれば今回は次のように少し専門的に見てもらいたいのです。

▼インターネット

世界中に張り巡らされた通信回線を使って、コンピュータやスマートフォン、タブレットなどがお互いに通信する仕組み。専門的には「通信プロトコル」と呼びます。

▼ウェブ

パソコンやスマートフォン、タブレットなどで見ているページ（ホームページとかブログとか）のことです。

似ていますが、専門的に見ると少し範囲が違っているんですね。

図2-1-1　インターネットとウェブの違い

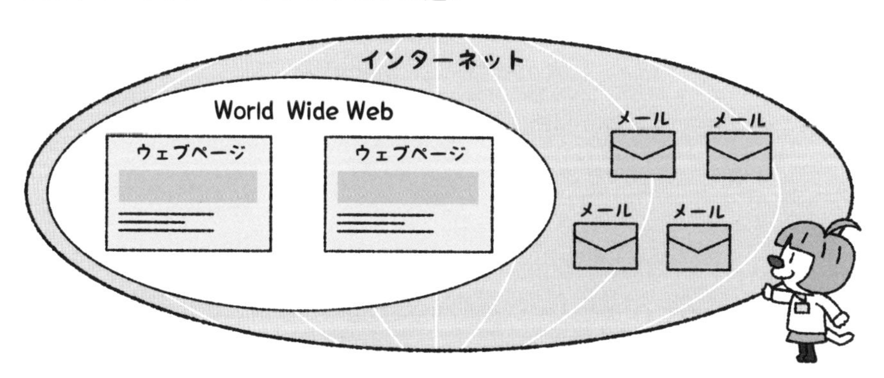

2-2 ウェブページが表示される仕組み

モチベーションが下がっている気がしますが……。

こういう小難しい話、苦手なんですよね。

たしかに、面白い話ではありませんね。

どうしてこんなこと知らないといけないんですか？

表示される仕組みを知らないとドン詰まりに

ウェブ（ウェブページとも呼ばれています）がどうやって表示されているのか、その仕組みを知らないと、そこから欲しい情報を得ることができません。

例えば、アナログ世界の雑誌であれば、特別難しいことを考えなくても欲しい情報のページを破いてスクラップすれば自分の手元に情報を集め残すことができます。対してウェブページの場合、次のような方法が思いつくかもしれませんが、

- **スクリーンショットを撮る**
- **スマートフォンのカメラで撮る**
- **プリンターで印刷する**
- **ちょっと詳しい人ならページ全体をコピペする**

これらの方法では手元に集めた情報を「便利に使い回す」「加工する」「簡単に見つける」というような、デジタル世界の特長を最大限に利用することができません。

ウェブページが表示される仕組み

インターネット上に公開されたホームページやブログは、24時間365日いつでもどこからでも簡単に表示して見ることができます。その仕組みですが、インターネット上に置かれた「サーバー」という高性能なコンピュータの中にウェブページが置かれます。そして私たちがGoogleの検索などで「URL」と呼ばれるインターネット上の住所（https://www.○○○.jp）を指定することで、表示したいページの情報がサーバーから私たちのコンピュータやスマートフォンへ送られてきます。送られてきた情報を「ブラウザ」が受け取り解釈して表示しているのです。

図2-2-1　ウェブページが表示される仕組み

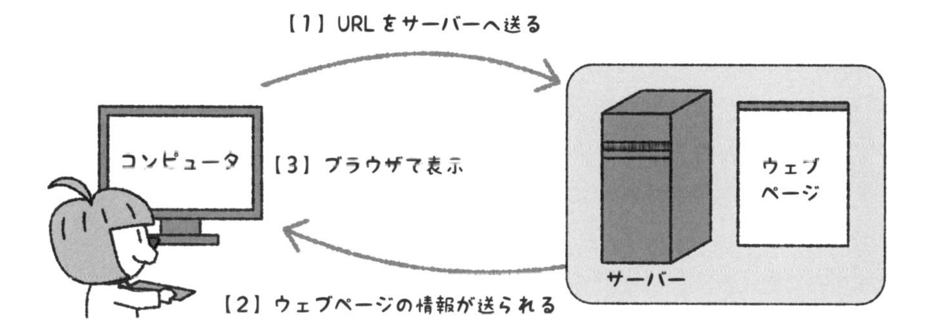

2-3 ウェブページには2つの種類がある

2つの種類ですか？　スクレイピングできればどっちでもいいんですけど。

2つの違いは、スクレイピングをするときに大変重要なんです。というのも、見た目はどちらも同じなんですが、見た目を同じように「見せかけている裏側の仕組み」に大きな違いがあるからなんです。

これ、知らないとどうなるんですか？

そうですね、あなたがやるかどうかは別として、アマゾンや価格.com、楽天、メルカリなど、インターネット上で商品やサービスを販売しているところから欲しい情報をスクレイピングで得ることができなくなります。

そ、それはマズくないですか？

静的ページと動的ページ

次の2つの種類があるので、まずは言葉を知ってください。

静的ページ（せいてきぺーじ）
動的ページ（どうてきぺーじ）

それぞれの違いについて、具体的に説明していきます。

静的ページって？

「静的」という漢字から、なんとなくイメージできるかもしれません。静的ページとは、一般的な会社のホームページなど、あらかじめ表示したい情報が固定されているページのことを表しています。

静的ページでは、ホームページの内容を表示するたび、変化させることができません。いつ見ても、同じ内容が表示されます。

動的ページって？

「静的」に対して「動的」なので、こちらもイメージできるかもしれません。動的ページとは、検索キーワードなどによって必要な情報をコンピュータから選び出し、その結果を使って表示内容を変化させるページのことを表しています。

例えば私たちの身近なところなら、通販サイトがイメージしやすいです。

- アマゾン
- 楽天
- 価格.com
- ヤフーオークション
- メルカリ

静的ページと動的ページの違いについては、ぜひ覚えておきましょう。

2-4 知っておきたい3つのキーワード

ここではウェブスクレイピングを順調に作って動かすための基礎となる、大切な3つのキーワードをお伝えします。

3つですか。それくらいなら難しくなさそうですね！

この3つのキーワードを知ることが、専門的なスキルを獲得する一歩目になるんですよ。

ファイル

ファイルとは文字情報だけで構成された「かたまり」です。例えば、ワードで作った文書、エクセルで作った家計簿、パワーポイントで作ったプレゼン資料。どれも「ファイル」です。そして静的ページも同じように「ファイル」です。

拡張子

ファイルに何の情報が入っているのか判断しやすくするために、「拡張子」というファイルの種類を表す記号がファイル名の後ろ付いています。

図2-4-1　**拡張子**

ディレクトリ

最近は「フォルダ」と呼ぶことが増えました。厳密には「ディレクトリ」と「フォルダ」の意味は違いますが、同じ意味で使うことが多いです。

ファイルを集めて入れておく「箱」のようなものと覚えておきましょう。

ファイルや拡張子、ディレクトリのルール

普段、仕事や趣味でワードを使っているときなどは、文書ファイル名やフォルダ(ディレクトリ)名に「漢字」「ひらがな」「カタカナ」を使うことがあると思います。この使い方は間違っていません。しかし少しだけ頭を切り替えてもらいたいのです。

今回あなたがスキル獲得を目指す「ウェブスクレイピング」の学習では、

・ファイルの名前(ファイル名)
・拡張子
・ディレクトリの名前(ディレクトリ名、フォルダ名)

これらには「漢字」「ひらがな」「カタカナ」など全角文字や半角カナを使わないでください。これは、ウェブスクレイピングの仕組みを作るプログラミング言語が正しく認識できない可能性を含んでいるからです。

そこで、注意してほしいことを以下にまとめておきます。

⑴ 英数字の小文字に統一する

特に指示がない場合を除いて、英数字の小文字を使いましょう。

例）
OK　→　sample、images、css　など
NG　→　SAMPLE、Images、css&　など

⑵ 全角文字や半角カナは使わない

特に指示がない場合を除いて、全角文字や半角カナをファイル名やディレクトリ名に使うのはやめましょう。うまく動かない原因になる可能性があります。

⑶ 空白（スペース）を間に入れない

ファイル名やディレクトリ名に、**「空白」を入れない**ようにしましょう。

例）
OK　→　complete-page　→　空白がないのでOK
NG　→　complete page　→　単語の間に空白があるのでNG

⑷ 記号は使えないものがある

次の記号は使わないのが理想です。

「\」「/」「;」「:」「,」「?」「<」「>」「"」「|」

特に指示がない場合を除いて、記号をファイル名やディレクトリ名に使うのはやめましょう。うまく動かない原因になる可能性があります。

(5) ファイル名にはセットで拡張子をつける

ファイル名の後ろには「.（ピリオド）」を挟んで拡張子を半角3〜4文字追加します。

例）
OK　→　sample.html、hosizora01.jpg　など
NG　→　sample、hosizora01　など

(6) できるだけ途中で変更しないのがベスト

ファイル名、拡張子、ディレクトリ名など、間違っていた場合は変更しますが、そうでない場合、途中で変更するとプログラムが見つけられなくなることもあります。

2-5 ややこしいけど頑張りたい「階層」とは

えーと、階層ってなんですか？

階層については、ウェブスクレイピングの仕組みを作るときに知っていないと、よくわからないまま学びが終わってしまってスキルになりにくくなってしまうんですよ。

スキルにならなくなるということは、それって「やるだけ無駄」ってことですか？

まったく無駄ではありませんが、応用は利かなくなるので、自分でできる範囲が狭くなってしまう可能性が高いですね。

ウェブページにも住所がある

インターネット上に存在するウェブページには、それぞれに独自の住所があります。これは私たちの住んでいる場所を示す住所と同じです。

例えば、私たちの住んでいる住所を見ると次のようになっていますよね。

日本　京都府　木津川市　○○丁目　△△

対して、ウェブページの住所を見ると次のような形式になっています。

www.example.co.jp

あなたも見たことがあると思います。これがウェブページの住所、すなわち「URL（ユー・アール・エル）」と呼ばれているものです。

住所は階層になっている

「www.example.co.jp」を見ると、階層というものがわかってきます。URLは右側から階層の上位を表しています。

jp：日本
　co：企業など
　　example：自分の会社や個人独自の場所
　　　www：ウェブページを管理している場所

日本語に置き換えると、

「日本」の「企業」で「example」という会社が管理している「ウェブページ」がある場所

こんな風に上位の階層から読み解くことができるのです。

これがわからないと、ウェブスクレイピングの仕組みを作るとき、どの住所にあるウェブページの内容を手に入れるのか指定することができません。住所を指定できないということは、正しい情報を手に入れられないということになります。

ウェブページの中にも部屋がある

今度はウェブページの中にある部屋についてです。ウェブページには、テキスト文章だけではなく画像もあります。今なら動画があるページも存在します。

これら画像や動画などは、ウェブページの中で「どの部屋にある画像や動画を表示してくださいね」と指示することで私たちの目に触れることができています。

では、どのように指示するのかというと、次の2つの方法のどちらかを使います。

(1) 絶対パス

絶対パスとは、画像や動画のある部屋を**階層の上位（住所）からすべてきちんと教える方法**です。

例えば、次の部屋に「hosizora01.jpg」という画像が置かれていたとします。

jp：日本
　co：企業など
　　example：会社や個人の場所
　　　www：ウェブページを管理している場所
　　　　index.html：ウェブページ
　　　　images：画像が置かれているフォルダ
　　　　　hosizora01.jpg：画像ファイル

これを絶対パスで示すと、次のようになります。

```
www.example.co.jp/images/hosizora01.jpg
```

階層の上位から画像ファイルまで、すべてを教えていますよね。私たちの住む場所を示す住所と、置いてある部屋の場所を人に教えるのと同じです。

⑵ 相対パス

絶対パスに対して、相対パスというものがあります。こちらはすべてを教えるのではなく、**現在の地点を基準にして場所を教えます**。「1つ目の部屋を入って左手のところ」というイメージです。先ほどの「hosizora01.jpg」という画像の場所を示す場合を考えてみましょう。

相対パスでは、自分の居場所（基準）がどこにあるのかが重要になってきます。例えば、

```
jp：日本
  co：企業など
    example：会社や個人の場所
      www：ウェブページを管理している場所
        index.html：ウェブページ
        images：画像が置かれているフォルダ
          hosizora01.jpg：画像ファイル
```

この中の「index.html」が自分の居場所（基準）だったとすると、画像ファイルの場所は次のようになります。

```
images/hosizora01.jpg
```

基準から見て同じ階層にある、「images」フォルダの中の「hosizora01.jpg」を教えています。

2-6 検索スキルで魔法の呪文を見つけよう

あの〜、心配なことがあるんですけど。

どんなことが心配なんですか？

わからない言葉とか、いくら考えても方法がわからないとかって出てきますよね？

はい、間違いなく出てきますし、必ず遭遇すると思います。

そんなとき、どうすればいいんですか？　まわりに聞く人もいないし、お金を払って教えてもらうことも簡単じゃないですし。そうそう、副業で仕事を受けたとき、こんな状況になっちゃうと困るのを通り越してパニックになってしまう気がするんですけど。

わからないことに遭遇したら

私たちは手元にコンピュータやスマートフォンを持っています。そして、これらの端末から簡単手軽に「検索」という最強のツールを手に入れています。

そうなんです。今の時代、検索することによって「わからないこと」の解決策を簡単手軽に見つけることができます。

検索するときのポイント

これはデジタルの世界でもアナログの世界でも同じです。良い解決策や答えを導き出したいのなら、**「良い質問」をする**ことが必要です。

良い検索（質問）の仕方

Google や Yahoo! で検索するとき、良い検索をするためには「どんなキーワードを並べるのか」に注意しましょう。

例えば、次のような疑問を解決したいので検索するときを考えてみてください。

例1）運動せずにダイエットしたい場合

「ダイエット　運動なし」
「ダイエット　運動なし　食事制限」
「ダイエット　運動なし　サプリ」

例2）2ヶ月で筋肉をつけたい場合

「2ヶ月　筋肉」
「筋トレ　2ヶ月　成果」
「胸　筋　2ヶ月」

例3）副業で儲けたい場合

「副業　儲け方」
「副業　儲かる　安全」
「地味に　儲かる　副業」

このように、具体的に何を知りたいのかを2つ、3つのキーワードをつなげるようにして検索すると、「良い質問」ができあがります。

「何を＋どうしたい」で考えるのがおすすめです！

2-7 副業環境を準備してスタート！

やっと何かやるんですね。なんだか知っておかないといけないことが多くて面倒になってきました……。

ITというものは急激に進化していますので、30年前に始めた人と、今から始めた人では、知っておかないといけないことの量が全く違っているんですよ。

こういう面倒なこと、一気に終わらせる方法ってないんですか？

ありません！

プログラミングには拡張子が大事

ファイルの種類を判別する拡張子。プログラミングでは大事な要素になってきます。でも、WindowsもMacも最初は拡張子を表示してくれていません。そこで、拡張子を表示するように設定しておきましょう。

・Windows10の場合

エクスプローラーを起動し、メニューから「表示」を選びます。右付近に「ファイル名拡張子」という項目がありますので、チェックを入れましょう（図2-7-1）。

図2-7-1　Windows10の場合

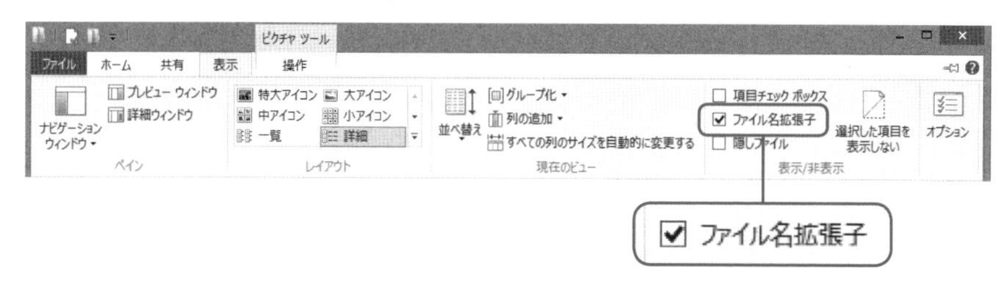

・Mac（macOS 10.14.3）の場合

Finderのメニューから「環境設定」を選びます。「Finder環境設定」が表示されますので、「詳細」を選び「すべてのファイル名拡張子を表示」にチェックを入れます（図2-7-2）。

図2-7-2　Macの場合

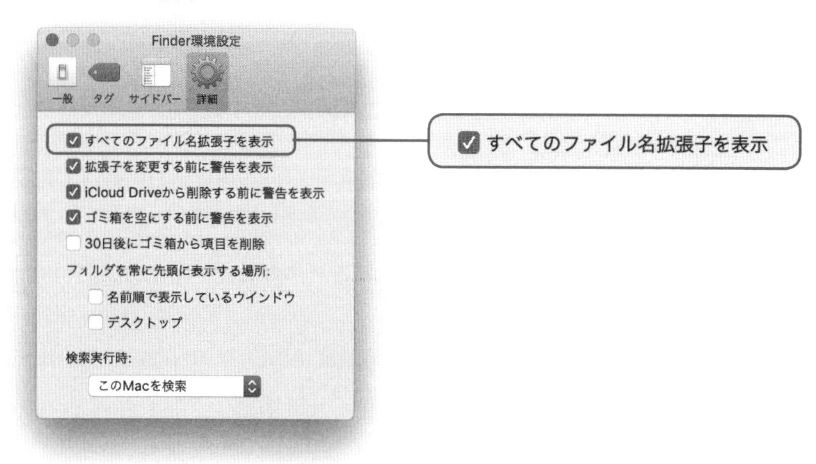

テキストエディタを用意する

これからプログラミングをしていく上で、「テキストエディタ」と呼ばれるツールを使います。

このツールは、プログラミングをするときに入力する文字データの集まりを直感的に作るための道具です。

Windowsでは「メモ帳」、Macでは「テキストエディット」を使っていきます。どちらも最初から入っているので、インストールをする必要がありません。

ブラウザを用意する

ウェブページを表示するためには、「ブラウザ」と呼ばれるツールが必要です。おそらくあなたも使っていることでしょう。ブラウザには「Internet Explorer」「Edge」「Safari」「Google Chrome」「Firefox」などがあります。

どれも同じような動きをしますが、プログラミングの世界で広く使われているのは「Google Chrome」です。

そこで本書では、「Google Chrome」を使っていきます。

Google Chromeをインストールする

あなたのパソコンに「Google Chrome」がインストールされていない場合は、ご自身の検索スキルを向上させるためのチャンスです。

次のキーワードで検索して、インストールを行ってみてください。

Windowsの場合：「Windows Chrome インストール 方法」
Macの場合：「mac Chrome インストール 方法」

また、こんな検索キーワードも使えるでしょう。

Windowsの場合：「Windows Chrome インストール やり方」
Macの場合：「mac Chrome インストール やり方」

さらに、こんな検索ワードも良いかもしれません。

Windowsの場合：「Windows Chrome インストール 初心者」
Macの場合：「mac Chrome インストール 初心者」

検索結果の中から、ご自身が理解しやすいなと感じたページを参考にして、インストールを行ってみてください。

こういったスキルは、経験を通してしか身につけることができません。いくら言葉で教えられたとしても、**実際にやってみないと使いこなすことができないのです**。

とにかくやってみることです。
がんばりましょう！

課題 1 サンプルページを表示しよう！

まずは最初の課題ということで、副業環境の確認を行って行きましょう。

 STEP1　完成版をダウンロードする

▼ダウンロードページはこちら

https://021pt.kyotohibishin.com/books/wspg/sample-download/

完成版のファイルはWindows、Macともに「ダウンロード」というフォルダへ保存されます。保存されたzipファイルをドキュメント（macは書類）フォルダへ移動してください。

なお、インターネットの通信状況によってダウンロードできないことがあります。その場合はしばらく時間をおいてから試してください。

 STEP2　ダウンロードファイルの内容を確認

ダウンロードしたzipファイルを展開すると、「progws」というフォルダができます。フォルダの中には以下のフォルダがあります。

図：課題1-1

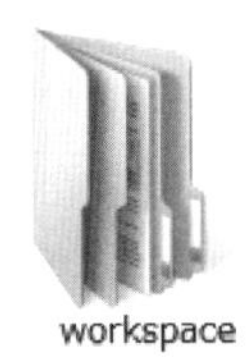

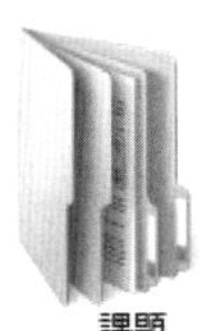

STEP3　作業フォルダの確認

展開した「progws」の中に、「workspace」フォルダがあるか確認しましょう。

STEP4　サンプルコードを入力する

P51で説明したテキストエディタを起動しましょう。起動できたら、以下のサンプルコードをキーボードから半角文字で入力します。

▼入力するサンプルコード

```
<html>
<body>
hello Web Scraping
</body>
</html>
```

入力が終わったら、ファイル名、保存場所、保存形式を次の内容にして保存します。

- ファイル名：sample.html
- 保存場所：ドキュメント（macは書類）/progws/workspace/
- 保存形式（文字コード）：utf-8

今後行う課題も、同じ方法で入力したコードを保存していきます。

Memo

Macのテキストエディタは、お使いの環境やバージョンによって入力した内容へ自動的に装飾情報が付加されることがあります。そして装飾情報が付加されると、プログラミングでは「文字化け」「うまく動かない」という現象を引き起こす可能性があります。

こういった現象が起こった場合、テキストエディタの環境設定を開き、新規作成タブのフォーマットを「標準テキスト」に、開く/保存タブのファイルを開くときを「HTMLファイルを……」にチェックを入れて試してみてください。

STEP5　ブラウザで表示する

保存した「sample.html」ファイルをエクスプローラー（MacはFinder）で保存場所から見つけダブルクリックします。

するとGoogle Chromeが立ち上がり、以下の内容が表示されます。

図：課題1-2

hello Web Scraping

今回はじめてGoogle Chromeを利用される人は、「アプリケーションの選択」画面が表示された場合は「Google Chrome」を選んでください。

これで準備が完了です！

～思ったようにならない場合は？～

P54でダウンロードした完成版と見比べることで、うまくいかない原因を発見することができます。ゆっくりと落ち着いて、完成版と自分で入力した内容を比較することで、小さな違いを見つけてください。

このような地道な行動の繰り返しが、細部に渡る観察力や論理的思考を鍛えてくれます。

本書を進める中で、まずこの章でお伝えしたことをしっかりと身につけてください。ベイビーステップで一歩ずつ、必要最小限のことを理解していただきたいのです。

column　副業するときに注意したいこと

⑴ 副業、認められていますか？

副業をするときにもっとも注意したいことは、今お勤めのところで副業をすることが認められているのかどうか。

例えば公務員の方であれば、どのような理由があっても報酬を伴う副業はNGでしょう。営利企業にお勤めの方でも、会社によっては副業がNGなところもあります。

⑵ 副業は相手があってのもの

副業を「自分が何かを得るため」だけにすると考えるのは間違いだと思っています。というのも、副業で何らかの報酬や感謝をいただくということは、「仕事と同じ」だということです。相手があっての副業という意識を持ちましょう。

⑶ 家族がいるなら理解してもらおう

少なからず、副業をすると家族へ負担を強いることになります。自分勝手だけで進める副業は楽しく長続きできません。

⑷ 結果は今日のチョイスの積み重ね

副業で結果が出ない人に共通しているのは、毎日「チョイス」することに一貫性がないということです。私たちが目指す結果の多くは、一足飛びに成果をつかみ取れることはほとんどなく、毎日何を選択したのかで決まるのです。

⑸ 継続は成功への近道

継続、苦手ですよね？　でも、継続するとライバルは減っていきます。ということは、自動的に有利な状態になれるということでもあります。

第3章

情報の宝庫を作って覚えて読み解こう!

3-1 スクレイピングに必須！ HTMLを学ぶ理由とは

あのー、どうしてHTMLなんて学ぶんですか？

これから学んでいくスクレイピングという機能を作るためには、外すことができない基礎的な知識だからなんです。

面倒だなと思うんですけど……やらないとダメですか？

HTML（エイチ・ティー・エム・エル）を学ぶ理由

面倒ですよね。そして早くパイソンを使ったプログラミングをしてみたいですよね。気持ちはわかります。

でも、今回のゴールである「ウェブスクレイピング」は、HTMLの知識なくしてプログラミングを完成させることはできません。どのようなことも同じですが、絶対に外すことができない基礎的な知識や技術というものがあります。

例えば、典型的なのはスポーツですね。

野球なら、

- キャッチボールができないと始まりません
- バットを振れないと始まりません
- 体を鍛えないと安定しないので試合に出られません

これはサッカーでもバスケットボールでも、バレーボールでもラグビーでも同じようなことが存在しています。

また、スポーツ以外でも同じですね。

- **数学は算数がわからないと理解できません**
- **文章を書くためには、母国語がわからないと書けません**
- **英語も中学1年生の2学期の壁を越えないと伸びません**

プログラミングもこれらと同じで、パッと見たときは直接的に関係していないように思えることが大変重要であり、そこを理解していないと、「ある程度」までは成長できたとしても、そこから先へは踏み込めないという残念なことが起こります。

今回のHTMLを学ぶという部分は、まさにこのような外せない基礎的な部分であると同時に、あなたがこれから先、様々なプログラミングやITに関係する仕事をし、収入を得るときに不可欠となる知識と技術と言っても過言ではないのです。

3-2 インターネットの情報はHTMLでできている

HTMLがすごく必要なのはわかってるんですけど……。

けど、どこで使われているのかピンとこないですか？

はい！　特別なものだと思うんで、僕は見たことないと思うんです。

実は、そんなことはないんですよ。

HTMLは毎日見ている（はず）

HTMLはプログラミングに欠かせないものだとお話しました。そのため専門的で特別なもののように思った方もいるのではないかと思います。でも、決してそんなことはありません。あなたがスマホやパソコンを毎日の暮らしで使っているのなら、あなたは毎日HTMLを目にしているのです。

どこで見ているの？

例えば、Googleで検索することがありませんか？
Googleのページは HTMLで作られています。

▼図3-2-1　Googleの検索画面

Amazonで買い物することはありませんか？
AmazonのページもHTMLで作られています。

Yahoo!でニュースを見ることもあるでしょう。
Yahoo!のページもHTMLで作られています。

あなたがスマホやパソコンから見ている、インターネット上に公開されてページ（総称して「ウェブページ」と呼ばれることがあります）の「ほぼすべて」がHTMLを使って作られ、ブラウザによって表示されているのです。

HTMLとは?

HTMLとは、「Hyper Text Markup Language」の略称です。HTMLは、世界共通の決まった約束事に沿って誰にでも書けるテキストを使った言語。日本語など母国語の部分は、その国によって変化しますが、それ以外の部分は世界共通です。

ということは、1度覚えると**世界のどこにいても使えるスキル**だということです。

HTMLを理解することは、グローバルに活躍できる可能性が、あなたに1つ増えると考えることもできますね。

3-3 HTMLの読み解き方って？

HTMLは世界共通……グローバルに活躍……。えーと、これってどこででも仕事ができるってことですか？

可能性は高いですね。その夢を叶えるためにも、基本である読み解き方を理解しておきましょう。

HTMLで重要な目印＝タグ＝4つの基本ルールがある！

HTMLでは、「ここは画像」「ここはテキスト」「ここはロゴ」というように、ブラウザが表示するとき間違えずに理解できるよう目印を使います。この**目印を、「タグ」**と呼びます。

タグは非常にシンプルな4つのルールを守ることで、誰にでも簡単に書くことができます。

ルール1：半角の「<」と「>」で、半角英数字を囲む
ルール2：「<>」で囲った目印を開始タグと呼ぶ
ルール3：開始タグに「/（半角スラッシュ）」をつけた目印を終了タグと呼ぶ
ルール4：終了タグは省略できるものもある

タグの書き方を覚えよう

見出しを表すタグを書いてみます。

図3-3-1を見てください。開始タグと終了タグが対になっています。そして、開始タグと終了タグで挟んだカタマリを「要素」と呼びます。

▼図3-3-1　タグの書き方の例

要素

<p>山奥から見える星雲の写真</p>

開始タグ　終了タグ

タグには属性という詳細設定機能がある

タグだけですべてを表現できれば良いのですが、残念ながらタグだけでは文章の大まかな構造を示すことしかできません。そこでより**詳細な情報をブラウザへ伝えたい場合、「属性」**という機能を使います。

属性は開始タグの中へ、半角スペースを1つ入れて指定します。そして、属性の後ろに続けて「=」(半角イコール)を入れ、「""」(半角ダブルクォーテーション)で、設定したい細かな情報を囲みます。

▼図3-3-2　属性の書き方の例

<img src="hosizora01.jpg" alt="星空">

要素　属性　属性値　属性　属性値

属性は1つだけではなく、2つ3つ4つと書くこともOK。また属性を書く順序に決まりはありません(なお、属性は要素ごとに使える内容が決まっています)。

3-4 HTMLの始まりと終わりを教える

次は、HTMLの始まりと終わりを覚えましょう。

すいません。はっきり言って覚えたくありません。覚えるとか暗記するとか大嫌いなんです……。

じゃあ「こんなものがあるんだな」と、サラッと流しておいてください。

「始まり」を伝える理由

ブラウザに正しく表示してもらうためには、「ここからHTMLが始まります」と伝えないといけません。そこでこれから自分が作るHTMLは、どのようなものかを宣言することが必要になってきます。

現在はHTML5というバージョンが主流。そのため、次のように宣言します。この宣言はHTMLを使った文書を書く場合、**必ず先頭に入れる**ようにします。

半角の大文字小文字が混ざっているので、注意しましょう。

▼「はじまり」の宣言の書き方

```
<!DOCTYPE html>
```

HTMLの内容を指定

次は、どこからどこまでがHTMLなのか示すタグを書きます。同時に日本語を使うとブラウザに教えたいので、属性を使って追加情報を伝えます。

▼HTMLの範囲を指定するタグの書き方

```
<html lang="ja">～</html>
```

※このタグは、<!DOCTYPE html> の下に書きます。

2つのタグは必須

これら2つのタグは、どのようなウェブページにも必要です。GoogleでもAmazonでも、個人のブログでも同じです。

最近のブラウザは、この2つを書かなくても自動的に最適な状態を選んでくれることが増えています。しかし自動的に判断してもらうのは楽ですが、いつでも同じ判断をしてくれる保証はありません。

先週までは正しく表示できていたけれど、開発元によるブラウザのバージョンアップによって自動的な判断方法が変更された場合、今週から正しく日本語が表示されなくなる可能性もあるのです。

このような**リスクを極力減らす**ためにも、「始まりの宣言」と「HTMLの範囲を指定するタグ」を書くように心がけましょう。

3-5 コンピュータが読む情報・人が読む情報

これ、意味がさっぱりわかりません。読むものが違うってことですか？

そうなんです。コンピュータに読んでもらいたいものと、人が読むものがありますので、私たちがコンピュータへ寄り添って教えてあげないといけないのです。

コンピュータって自分で自動的にできないんですか？　僕たちが教えないといけないんですか？？

コンピュータには必要な情報を教えないとダメ

コンピュータは万能ではありません。そのため、コンピュータが間違えないように正しく動くためには、**人間がコンピュータへ寄り添って**「○○ですよ」「これは△△ですよ」と丁寧に教えてあげないといけません。

コンピュータへ理解してもらう情報の範囲を指定

コンピュータへ「こんな文字を使っています」「こんなタイトルです」というウェブページの基本情報を、はじめに理解してもらいます。

▼コンピュータへ理解してもらう範囲を示すタグの書き方

```
<head>～</head>
```

人間が理解する情報の範囲を指定

コンピュータと人間は、理解する方法が違います。コンピュータは論理的に並んでいる数字や文字を理解します。しかし、人間は「文字と文字の余白」や「文字の大きさ」「改行」などが使われることによって、スムーズに理解することができます。

▼人間が理解する範囲を示すタグの書き方

```
<body>～</body>
```

この２つのタグは必ず使う!

この2つのタグは必ず書きます。書く順番は「コンピュータへ理解してもらう範囲」→「人間が理解する範囲」です。

そして、この2つの要素は、ともに前ページで紹介しました、**<html lang="ja">** と **</html>** の中に入れます。

▼実際に書いてみた例

```
<!DOCTYPE html>
<html lang="ja">
<head></head>
<body></body>
</html>
```

このような順番です。

そして、**この順番が基本中の基本**となります。世界中に存在するウェブページのすべてに、この書き方が含まれているのです。

3-6 コンピュータに追加して教えたいこと

コンピュータって融通の利かないやつなんですね。もっと賢いのかと思ってました。

多くの人が同じような印象を持っていると思いますが、決してコンピュータが賢いのではありません。コンピュータは人間に教えられたことしかできないのです。

それって「指示待ち社員」と同じじゃないですか？

大切な2つの追加情報

前ページで説明したコンピュータ用の情報を書くところには、大切な追加情報を2つ入れておくことが必要です。

・1つ目の追加情報：使っている文字コードは何か

コンピュータに、使っている文字コードを教えます。これがないと、日本語が正しく表示されなくなる可能性があります。そうすると私たちの目には、遠い銀河の果てにある世界の文字みたいなものが表示されます。

これを「文字化け」と呼びます。

▼文字コードを示す宣言の書き方

```
<meta charset="UTF-8">
```

今回は作成したウェブページを保存するときに、「UTF-8（ユーティーエフエイト）」という形式を使っていますので、コンピュータにも教えています。

・2つ目の追加情報：ウェブページのタイトル

ブラウザを使っていると、画面の上部にタイトルが表示されます。タイトルがあると、自分がどんなページを見ているのか一目でわかるので大変便利ですね。

▼タイトルを示すタグの書き方

```
<title>～</title>
```

書き方を見ておこう！

この2つは、<head>～</head>の間に入れます。書く順番はどちらが先でも良いのですが、一般的には「文字コード」→「タイトル」の順に書くことが多いです。

▼文字コードとタイトルを書いてみた例

```
<!DOCTYPE html>
<html lang="ja">
<head>
  <meta charset="UTF-8">
  <title>Hibino Photo Studio</title>
</head>
<body></body>
</html>
```

3-7 人が読む情報を3つの領域に分割しよう

今度は人が読む部分ですか？

はい、人が快適に読めるように基礎を作ります。

何度も言いますけど、思っているより面倒ですね。

3つの領域が必要な理由

1つずつ教えていかないといけませんから、面倒に感じますね。しかし、こういう積み重ねによって、私たちがスマートフォンなどで普段目にしているニュースやお役立ち情報が作られているのです。あなたは単に見ていただけの世界から、**内側を理解する世界へ足を踏み入れよう**としています。

ウェブページを表示する場合、PCだけなら良いのですが、今の時代はスマートフォンやタブレットなどが存在しています。これらはそれぞれ画面サイズが違いますし、メーカーや機種によってバリエーションがあります。

この違いをデザインによってカバーするためにも、3つの領域を示すタグが使われています。

領域1 「ヘッダ領域」を指定

ウェブページのキャッチコピーやロゴなどを指定する領域として使いましょう。

▼ヘッダ領域を指定するタグの書き方

```
<header>～</header>
```


領域２　「コンテンツ領域」を指定

ウェブページの本文を指定する領域として使いましょう。多くの場合、この領域に文章や画像、動画などが入ってきます。

▼コンテンツ領域を指定するタグの書き方

```
<main>～</main>
```

領域３　「フッター領域」を指定

ウェブページの最下部を指定する領域です。コピーライトなどを入れて使うことが多いです。

▼フッター領域を指定するタグの書き方

```
<footer>～</footer>
```

３つの領域を書く場所

人が読む情報に関することなので、<body>～</body>の間に、次のように書いていきます。

```
<header>Hibino Photo Studio</header>
<main>星空</main>
<footer>copyright2020 Hibino Photo Studio.</footer>
```

3-8 興味を引きつける見出し

えーと、見出しってなんですか？

新聞や雑誌で最初に目がいく、本文よりも大きな文字の部分です。

へっ？　新聞読まないんでわからないんですけど……。

見出しが必要な理由

スマホからニュースを見たとき、トップに大きめで少し太くなった記事のタイトルを見たことはありませんか？

これを「見出し」と言います。見出しは、パッと視線に飛び込んできたとき、注目してもらうために必要とされています。

人が内容を見てみようと感じ行動へ移すためには、まず**興味を持ってもらう必要**があります。そして興味を持ってもらうためには、目を止めないと始まりません。これはインスタでフォロワーを増やすために、注目を集めやすい画像を投稿するのと同じです。

見出しの重要度を示すタグ

見出しには重要度があります。普段の会話をイメージしながら重要度と照らし合わせてもらえるとわかりやすいでしょう。

とても重要、絶対に注目してほしい　→　h1
大きな話題の区切り　→　h2
大きな話題の中で話を区切りたい　→　h3
さらに話を区切りたい　→　h4
もっと話を区切りたい　→　h5
細かな注意点を話したい　→　h6

※一般的には、h1～h3を使うことが多いです。

▼見出しタグの書き方

```
<h1>～</h1>
```

※h2～h6も同じ書き方です。

見出しタグを表示してみた例

▼HTMLコード（見出しタグ部分を抜粋）

```
Hibino Photo Studio（見出し無し）
<h1>Hibino Photo Studio（h1の場合）</h1>
<h2>Hibino Photo Studio（h2の場合）</h2>
<h3>Hibino Photo Studio（h3の場合）</h3>
```

▶ブラウザで表示した結果（図3-8-1）

Hibino Photo Studio（見出し無し）

Hibino Photo Studio（h1の場合）

Hibino Photo Studio（h2の場合）

Hibino Photo Studio（h3の場合）

3-9 文章を読みやすくする段落と改行

段落と改行って必要なんですか？

メールでも段落と改行を使いますよね？　それは、この２つを使うと、相手も文章を読みやすくなるからなんです。

すいません、使ってないです……。段落も改行も。バーって続けて書いちゃいます！

段落と改行が必要な理由

文章を書いて相手に理解してもらうためには、内容が正しいことは一番ですが、その次に読みやすさも大切です。というのも、人は読みやすくないと、すぐに投げ出して「読まない」「読んだつもり」になってしまうからです。こちらが伝えたことを最後まで読んでもらうためには、読みやすくする「段落」と「改行」を意識する必要があるのです。

段落って？

文章はいくつかの「かたまり」によってできあがっています。この「かたまり」を表すのが段落です。

▼段落タグの書き方

```
<p>～</p>
```

改行って？

1つの文章が長いとき、適切な部分で折り返して次の行から始めるのが改行です。

▼改行タグの書き方

```
<br>　または　</br>
```

改行タグには、上記のように2つの書き方があります。また、段落タグのように、「ここからここまで」というような範囲を指定するのではなく、**単独で使います**。

段落タグと改行タグを使って表示してみた例

▼HTMLコード（段落と改行の部分を抜粋）

```
<p>Hibino Photo Studioは、あなたと家族の歩みを記録するフォトスタジオ。<br>自分たちのお家のように、リラックスした表情で撮影を楽しんでいただけるアットホームな雰囲気を大切にしたスタジオです。</p>
<p>京都府と奈良県の県境に位置する木津川市。</br>そこにはたくさんの自然が広がり、誰もがリラックスできる空気が漂っています。</p>
```

▼ブラウザで表示した結果（図3-9-1）

Hibino Photo Studioは、あなたと家族の歩みを記録するフォトスタジオ。
自分たちのお家のように、リラックスした表情で撮影を楽しんでいただけるアットホームな雰囲気を大切にしたスタジオです。

京都府と奈良県の県境に位置する木津川市。
そこにはたくさんの自然が広がり、誰もがリラックスできる空気が漂っています。

3-10 話のポイントを伝える箇条書き

箇条書きって、「・○○」というやつですよね？

そうです。普段、文章を書くときに使いますか？

うーん、使いませんね。使う理由がわからないんで！

箇条書きの種類

文字が続いていると、ほとんどの人は面倒だなと思い始めます。そこで短く簡潔にポイントを伝える方法として、箇条書きが使われます。

箇条書きには、大きく分けると2つの種類があります。

◎「・(中黒)」で表現する方法

例） ・星空

・木漏れ日

・画像の説明

◎「数字」で表現する方法

例） 1. 星空

2. 木漏れ日

3. 画像の説明

箇条書きタグの書き方

▼「・」で表現する場合

```
<ul>～</ul>
```

▼「数字」で表現する場合

```
<ol>～</ol>
```

▼箇条書きの項目を表示する

```
<li>～</li>
```

箇条書きは、これまで登場したタグとは少し違います。ポイントは、**2つのタグを組み合わせることで完成する**ところです。<ul>または<ol>のどちらかを選び、選んだタグの中に<li>を入れます。

箇条書きタグを表示してみた例

▼HTMLコード
（箇条書きタグ部分を抜粋）

```
<ul>
<li>星空</li>
<li>木漏れ日</li>
<li>画像の説明</li>
</ul>
<ol>
<li>星空</li>
<li>木漏れ日</li>
<li>画像の説明</li>
</ol>
```

▼ブラウザで表示した結果
（図3-10-1）

- 星空
- 木漏れ日
- 画像の説明

1. 星空
2. 木漏れ日
3. 画像の説明

3-11 インデントで自分も見やすく

また難しい言葉が出てきたんですけど……。

そうですね。でも、ワードで文章を書くとき、普通に使っているかもしれませんよ。

いや、ワード使わないですから！

インデントって？

インデントとは「字下げ」です。それぞれの行の先頭に空白（半角空白）を入れることで、階層をつけて表現します。

インデントが必要な理由

プログラムのコードは、ダラダラと文字が並んでいるだけになることが多いです。でもダラダラ並んだ文字は大変読みづらい。

そこでインデントを使うと、どのような構造になっているのかを直感的に理解することができるのです。

インデントのある／なしを比較

左側のコードはインデントなしです。右側のコードはインデントありです。図3-11-1を見てください。左右を見比べると、右側の方がインデントによって階層ができているため、どこまでがタグで囲まれているのかなど、わりやすくなっていると思います。

▼インデントを比較したコード（図3-11-1）

```
<!DOCTYPE html>
<html lang="ja">
<head>
<meta charset="UTF-8">
<title>Hibino Photo Studio</title>
</head>
<body>
Hibino Photo Studio（見出し無し）
<h1>Hibino Photo Studio（h1の場合）</h1>
<h2>Hibino Photo Studio（h2の場合）</h2>
<h3>Hibino Photo Studio（h3の場合）</h3>
</body>
</html>
```

```
<!DOCTYPE html>
<html lang="ja">
<head>
  <meta charset="UTF-8">
  <title>Hibino Photo Studio</title>
</head>
<body>
  Hibino Photo Studio（見出し無し）
  <h1>Hibino Photo Studio（h1の場合）</h1>
  <h2>Hibino Photo Studio（h2の場合）</h2>
  <h3>Hibino Photo Studio（h3の場合）</h3>
</body>
</html>
```

インデントを活用しよう

インデントで使用するときの注意点は、**「全角空白」を使わない**ということです。全角空白を使ってしまうと、プログラムは上手く動いてくれないことが多いです。また、インデントで使用する空白の数に決まりはありませんが、半角空白を2つ、または4つ使う方が多いです。

インデントは自分のためにもなる

インデントを入れながらコードを書くのは、面倒かもしれません。でも、数週間経ってからコードを見直したとき、インデントがあると自分も大変読みやすいものです。

パッと見て理解しやすいコードを書くことで作業時間が短縮できれば、副業やフリーランスなら同じ報酬で自由に楽しむことを増やせるでしょう。

3-12 表を使ってわかりやすく

えーと、表って何ですか？

さすがに、エクセルは使ったことはありますよね。エクセルのシートのようなものだと思ってください。

あ〜、スケジュールが書かれたものを見たことがあります！

そもそも、表って？

仕事や勉強で使うことの多いエクセルのシートを思い浮かべてください。横と縦にマス目がありますね。あれを表と言います。そして、マス目の横を「行」、縦を「列」と言います。

表を示すタグの書き方

表を使うことで情報が規則正しく並びますので、見ている人にとってわかりやすくなります。インターネットでも複数の商品が一覧形式で表示されているデザインがありますね。あのデザインに表を使っているところもあります。

表は、**3つのタグで構成**されています。これら3つを組み合わせて、表の構造を作ります。

▼表の範囲を示すタグ

```
<table>～</table>
```

▼行を示すタグ

```
<tr>～</tr>
```

▼列を示すタグ

```
<th>～</th>　または　<td>～</td>
```

なお、<th>はヘッダーの列、<td>はメインの情報を扱う列というように使い分けます。

表タグを表示してみた例

▼HTMLコード（表タグ部分を抜粋）

```
<table>
  <tr>
    <th>タイトル</th><th>画像</th><th>サイト</th>
  </tr>
  <tr>
    <td>山奥から見える星雲の写真</td>
    <td>山奥から見える星雲の画像</td>
    <td>山奥から見える星雲画像のURL</td>
  </tr>
  <tr>
    <td>ふたご座流星群の写真</td>
    <td>ふたご座流星群の画像</td>
    <td>ふたご座流星群画像のURL</td>
  </tr>
  <tr>
    <td>※オリジナルのタイトル</td>
    <td>※画像の幅を固定</td>
    <td>※サイトのURL</td>
  </tr>
</table>
```

▼ブラウザで表示した結果（図3-12-1）

タイトル	画像	サイト
山奥から見える星雲の写真	山奥から見える星雲の画像	山奥から見える星雲画像のURL
ふたご座流星群の写真	ふたご座流星群の画像	ふたご座流星群画像のURL
※オリジナルのタイトル	※画像の幅を固定	※サイトのURL

最近は、こんなタグが使われることも

表の内容には、ヘッダー、ボディ、フッターという情報のまとまりを作ることもあります。そういった場合は、次のタグを利用してグループ化しておくことで内容が明確になり、喜ばれることもあります。

▼ヘッダーを表すタグの書き方

```
<thead>～</thead>
```

▼ボディーを表すタグの書き方

```
<tbody>～</tbody>
```

▼フッターを表すタグの書き方

```
<tfoot>～</tfoot>
```

グループ化するタグを表示してみた例

▼HTMLコード（表タグ部分を抜粋）

```
<table>
  <thead>
  <tr>
    <th>タイトル</th><th>画像</th><th>サイト</th>
  </tr>
```

```
    </thead>
    <tbody>
    <tr>
      <td>山奥から見える星雲の写真</td>
      <td>山奥から見える星雲の画像</td>
      <td>山奥から見える星雲画像のURL</td>
    </tr>
    <tr>
      <td>ふたご座流星群の写真</td>
      <td>ふたご座流星群の画像</td>
      <td>ふたご座流星群画像のURL</td>
    </tr>
    </tbody>
    <tfoot>
    <tr>
      <td>※オリジナルのタイトル</td>
      <td>※画像の幅を固定</td>
      <td>※サイトのURL</td>
    </tr>
    </tfoot>
</table>
```

▼ブラウザで表示した結果（図3-12-2）

タイトル	画像	サイト
山奥から見える星雲の写真	山奥から見える星雲の画像	山奥から見える星雲画像のURL
ふたご座流星群の写真	ふたご座流星群の画像	ふたご座流星群画像のURL
※オリジナルのタイトル	※画像の幅を固定	※サイトのURL

表示結果を見るとわかりますが、1つ前の結果と全く同じになっています。

人間が見る分には変化を感じることはありませんが、コンピュータにとってはグループ化されたことで、情報が明確になっています。

これは、後で出てくる**ウェブスクレイピングでも情報を扱いやすくなっている**ということなのです。

3-13 ネットに必要なリンク

えーと、リンクって何ですか？

テキストや画像をクリックすると、別のページへジャンプしたり、同じページの下の方へ移動したりする経験はありませんか？

あります！　でも、あれって特別なことなんですか？

リンクはウェブページの利点

クリックするだけで詳しい情報を見ることができたり、関連した画像が出てきたりするのは、新聞や雑誌では体験できないことです。このようなデジタルならではの体験をするためには、リンクという機能を欠かすことはできません。

リンクには２つの種類がある

⑴ 内部リンク

自分のウェブページの中で、上や下へ移動する方法。広告ページで「お申し込みはこちら」というボタンをクリックすると、下の方にある入力欄へ移動する、あの動きです。

⑵ 外部リンク

自分のウェブページから別のウェブページへ移動する方法。Yahoo!の広告をクリックすると、広告主が用意したページに移動しますね。あの動きです。

▼リンクを表すタグの書き方

```
<a href="移動先のURL　または　ジャンプ先のID">～</a>
```

リンクタグを使って表示してみた例

▼HTMLコード（リンク部分を抜粋）

```
<p>内部リンクの例→→→
<a href="#contact">お申し込みはこちら</a></p>
<p>外部リンクの例→→→
<a href="https://www.google.co.jp">Googleへ</a></p>
<p id="contact">お申し込みありがとうございます！<br>
　受付後5日前後でお届けいたします。送料888円をご負担願います。お支払いはお近くのコンビニをご利用ください。</p>
```

▼ブラウザで表示した結果（図3-13-1）

内部リンクの例→→→ お申し込みはこちら

外部リンクの例→→→ Googleへ

お申し込みありがとうございます！
受付後5日前後でお届けいたします。送料888円をご負担願います。お支払いはお近くのコンビニをご利用ください。

内部リンクを指定する場合には、飛びたい先に指定した「id」の名前の先頭に「#」をつけます。**「id」に指定する名前はページの中で重複しない**ように注意しましょう。同じ名前が複数あると、どこへ飛べば良いのかわからなくなるからです。

また「id」に指定する名前は、半角英数を使ってわかりやすい単語にしておくと、パッと見たときに何を表しているのか理解しやすくなります。

3-14 画像を表示してみよう

これは面白そうですね！

ウェブページには必ずと言ってもいいくらい画像がありますから、ぜひ表示する方法を知ってもらいたいですね。

これって簡単ですか？　難しいのは無理なんで。

画像には種類がある

ウェブページで使われる画像は、概ね3つの種類があります。

・デジカメで撮影した写真に多い「JPEG」

「ジェイペグ」と読みます。「Joint Photograph Experts Group」の略でして、非可逆圧縮という方式で保存されています。拡張子は「.jpg」または「.jpeg」です。

・イラストや高解像度の画像に多い「png」

「ピング」と読みます。「Portable Network Graphic」の略で、可逆圧縮という方式で保存されています。フルカラーだけではなく半透明などの表現もできます。拡張子は「.png」です。

・ロゴ画像に多い「gif」

「ジフ」と読みます。「Graphics Interchange Format」の略で、可逆圧縮という方法で保存されています。256色以下で作られる画像です。拡張子は「.gif」です。

どの画像も、ファイルの拡張子を見ると種類が判断できます。

画像を表示するために知っておいてほしいこと

ウェブページに表示される画像は、ブラウザやコンピュータが**自動的に考えて探してくれるものではありません。**人間が「この場所の、○○フォルダの中にある△△ファイルを表示してください」と、画像ファイルが置いてある場所と画像ファイル名を教えないとダメなのです。

そこで、場所を教える方法として思い出してほしいのが、P46で出てきた「相対パス」と「絶対パス」です。

自分がworkspaceに居ると仮定し、図3-14-1の場所に置かれている画像ファイルを、相対パスと絶対パスで表現してみます。

▼画像ファイルが置かれている場所（図3-14-1）

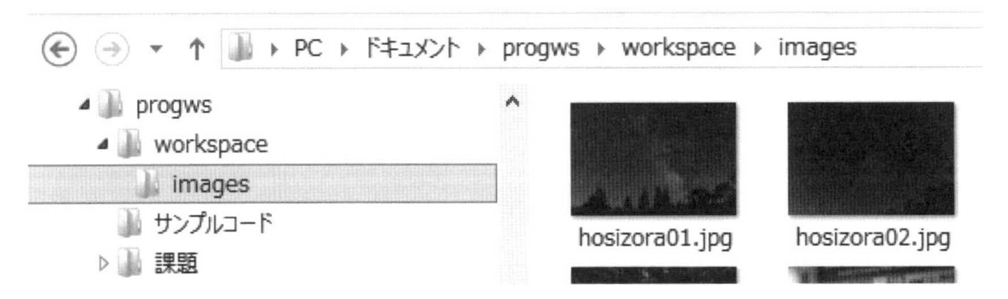

相対パス：images/hosizora01.jpg

絶対パス：/progws/workspace/images/hosizora01.jpg

ウェブページで画像を表示する場合、自分の持っている画像を使う場合は相対パスを、他のウェブページの画像を引用する場合は絶対パスを使うことが多いです。

画像を表示するタグの書き方

画像を表示する<img>タグは、他のタグたちと少し違っています。というのも、他のタグたちには「タグの終わり」を示す<○○>〜</○○>というように対になるタグがあり、ここからここまでという範囲を示しています。しかし、画像を表示するタグは**<img>だけで完結している**ため、終わりを示すタグは必要ありません。

▼画像を表示するタグ

```
<img src="画像の場所とファイル名" alt="画像の説明">
```

altは属性は画像の内容を「ひとこと」で完結に説明する場合に使います。できるだけ使うように推奨されていますが、無くても問題なく画像は表示されます。

画像を表示するタグを使って表示してみた例

▼HTMLコード（画像表示部分を抜粋）

```
<img src="images/hosizora01.jpg" alt="星空の画像">
```

▶ブラウザで表示した結果（図3-14-2）

▼alt属性なしでHTMLコードを書いてみた場合

```
<img src="images/hosizora01.jpg">
```

▶ブラウザで表示した結果（図3-14-3）

このように、どちらの方法でも同じように画像が表示されます。

画像を使う場合の注意点

画像には「著作権」があります。著作権を無視するとトラブルの元になりますので、使いたい画像がインターネット上にある場合は、画像の持ち主に使ってもいいか確認することが大切です。

また、インターネット上には「無料画像」というものがあり、多くの場合、無料画像を提供している運営元が決めているルールの範囲であれば、誰でも自由に使えます。

無料画像以外には有料画像もあり、こちらは画像を購入して使う方法です。

自分でウェブページに画像を使う場合、今回のゴールであるウェブスクレイピングで画像を手に入れる場合、どちらにも共通するポイントは、**使用許諾や著作権に注意しトラブルを招かない**ということです。

3-15 画像に説明を入れてみよう

画像に説明を入れるんですか？　意味あるんですか？

画像の下の説明は、つい読んでしまう場所なんです。

うーん、自分は見ないんでわかんないな。

画像の下の説明は効果的

不思議なことですが画像の下に文字があると、人は読む傾向が強いと言われています。そのためできるだけ多くの人に読んでもらいたいと考えている広告には、必ずと言ってもいいくらい画像（写真）の下には売り込みに役立つ説明文が入っています。

画像に説明を入れるタグの書き方

画像に説明を入れる場合は、次の2つのタグと、画像を表示するタグである <img> を組み合わせることで完成します。

▼説明を入れたい範囲を指定する

```
<figure>～</figure>
```

▼説明を表示する

```
<figcaption>～</figcaption>
```

画像に説明を入れるタグを表示してみた例

▼HTMLコード（画像部分を抜粋）

```
<figure>
  <img src="images/hosizora01.jpg" alt="星空の画像">
  <figcaption>山奥から見える星雲</figcaption>
</figure>
```

▼ブラウザで表示した結果（図3-15-1）

▼説明部分を拡大すると、こんな感じ（図3-15-2）

画像の下に表示されている**説明文を「キャプション」**と呼びます。ブログや広告を注意して見ると「こんなところにも書いてある！」というように発見できると思います。

3-16 プロが使う グループ化の方法

プロが使うことなら、ぜひ知りたいですね。

次の章で学ぶデザインには必須なんです。そして、ゴールであるウェブスクレイピングで、欲しいデータを見つける「目印」にすることもできるんですよ。

なんかメリットが多いっぽいですね。こういう話なら聞きたいですよ！

ウェブページのデザインはグループ化から始まる

ウェブページにはデザインが必要です。色を変えたり文字の大きさを変えたりという基本的なことから、スマートフォン用のデザインを作ったりすることもあります。そしてデザインを行う場合には、どの範囲の色を変えるのか、どの範囲の文字の大きさを変えるのかというように、「**デザインを有効にする部分をグループ化**」する必要が出てきます。

▼グループ化するタグの書き方

```
<div>〜</div>
```

※「div」は「division（境界）」という意味です。

グループ化するタグを表示してみた例

▼HTMLコード（グループ化部分を抜粋）

```
<div>
  <p>
    <a href="#top">トップへ戻る</a>
  </p>
</div>
```

▶ブラウザで表示した結果（図3-16-1）

トップへ戻る

グループ化を指定しているだけなので、他のタグのように**見た目に変化はありません**。次の章で学ぶ「CSS」と呼ばれるデザインスキルと一緒に使うことで、ウェブページの見た目を変えることができるのです。

さて、第3章ではウェブページの基礎である「HTML」について学びました。HTMLを知ることは、今回のゴールであるウェブスクレイピングにとって重要な部分ですので、時間を作って復習していただけると幸いです。また、**HTMLは今回紹介した内容が全てではありません。**

例えば「HTML　タグ　一覧」で検索すると、さらに詳細に内容を解説されているサイトが出てきます。

サイトの1つをご覧頂くとわかりますが、様々なHTMLタグが存在していますし、時代の流れにあわせて進化していきます。見かけたことがないHTMLタグを見つけたときは、Googleで検索して調べながら進めると理解度がどんどん深まっていきます。

一歩ずつ確かめながら、場合によっては何度も見なおしながら学びを続けてみてください。

次の第4章では、ウェブスクレイピングに必要なウェブページのデザインについて少しだけ触れていきます。

課題 2 簡単なウェブページを作ってみよう！

以下の手順に沿って、画像が入ったページを作ってみましょう。

STEP1 HTMLを使ったウェブページの大枠を準備する

テキストエディタを起動したら、まずは大枠を入力します。

▼入力するHTMLコード

```
<!DOCTYPE html>
<html lang="ja">
<head>
</head>
<body>
</body>
</html>
```

入力できたら一度保存します。保存先は次のとおりです。

ファイル名：photo-list.html
保存場所：ドキュメント（macは書類）/progws/workspace/
保存形式：utf-8

※保存の方法に不安がある方は、P54を復習してみてください。

STEP2　コンピュータが読む情報を入力する

入力するHTMLコードは、次の通りです。

▼入力するHTMLコード

```
<meta charset="UTF-8">
<title>Hibino Photo Studio</title>
```

STEP3　人が読む情報へ３つの領域を入力する

入力するHTMLコードは、次の通りです。

▼入力するHTMLコード

```
<header>
</header>
<main>
</main>
<footer>
</footer>
```

STEP4　header領域へ見出しと箇条書きを入力する

入力するHTMLコードは、次の通りです。

▼入力するHTMLコード

```
<h1 id="top">Hibino Photo Studio</h1>
<div id="global-menu">
```

```
    <ul>
    <li><a href="#hosizora">星空</a></li>
    <li><a href="#komorebi">木漏れ日</a></li>
    <li><a href="#pakutaso">画像の説明</a></li>
    </ul>
  </div>
```

STEP5 footer領域へサイト情報を入力する

入力するHTMLコードは、次の通りです。

▼入力するHTMLコード

```
   copyrights 2020 Hibino Photo Studio.
```

STEP6 main領域へ「星空」画像の情報を入力する

入力するHTMLコードは、次の通りです。

▼入力するHTMLコード

```
  <div id="hosizora">
    <h2>星空</h2>
    <table>
      <tr><td>山奥から見える星雲の写真</td></tr>
      <tr><td>
        <figure>
          <img src="images/hosizora01.jpg">
          <figcaption>2019年7月21日撮影</figcaption>
        </figure>
```

```
    </td></tr>
  </table>
</div>
```


STEP7　main 領域へ「木漏れ日」画像の情報を入力する

STEP6の後ろに続けて入力します

▼入力するHTMLコード

```
<div id="komorebi">
  <h2>木漏れ日</h2>
  <table>
    <tr><td>夏の木漏れ日の写真</td></tr>
    <tr><td>
      <figure>
        <img src="images/komorebi01.jpg">
        <figcaption>2013年8月28日撮影</figcaption>
      </figure>
    </td></tr>
  </table>
</div>
```

STEP8　main 領域へ「画像についての説明」を入力する

STEP7の後ろに続けて入力します。

▼入力するHTMLコード

```
<div id="pakutaso">
```

```
    <h3>画像についての説明</h3>
    <p>
   このページで使用している画像は、無料画像サイト「ぱくたそ」さんのものを利用させていただきました。<br>
    「ぱくたそ」さんのウェブサイトはこちらからどうぞ→<a target="_blank" href="https://www.pakutaso.com/">ココをクリック</a>
    </p>
</div>
```

STEP9 ブラウザで表示する

ここまで入力できたら保存します。保存したファイル「photo-list.html」をエクスプローラー（Macの場合はFinder）で保存場所から見つけ、ファイルをダブルクリックします。すると、ブラウザに図：課題2-1の内容が表示されます。

なお、横幅はお使いの環境によって変化しますので、文章が折り返す場所は同じにならないかもしれません。

図：課題2-1

Hibino Photo Studio

- 星空
- 木漏れ日
- 画像の説明

星空

山奥から見える星雲の写真

2019年7月21日撮影

木漏れ日

夏の木漏れ日の写真

2013年8月28日撮影

画像についての説明

このページで使用している画像は、無料画像サイト「ぱくたそ」さんのものを利用させていただきました。
「ぱくたそ」さんのウェブサイトはこちらからどうぞ→ココをクリック

copyrights 2020 Hibino Photo Studio.

～同じように表示されないときは？～

P54でダウンロードした完成版と、あなたがテキストエディタから入力した内容を見比べてみましょう。違いが発見できると思います。

なお、完成版の内容や、いったん保存したHTMLファイルの内容を、再びテキストエディタで開いて確認する場合は、テキストエディタを起動しメニューから「ファイル」→「開く」を選ぶと、ファイルを選択できる小窓が表示されます。小窓の中から、内容を確認したいHTMLファイルを探して選びましょう。

HTMLファイルが見つからない場合は、「ファイルの種類」を「すべてのファイル」にすると表示されるはずです。

column 勉強ばかりで副業できない人になっていませんか

副業して稼ぎたい。フリーランスになって仕事をしたい。また、転職して楽しく暮らしたい。独立したい。起業したい。

こういった話を聞くことが多いですし、これまでも聞いてきました。でも、こういう目標を実現するために何かを学び始めると、ほとんどの人は「勉強ばかり」してしまい、いつまでも目標を実現できないままということがあります。

どうしてこのようなことが起こるのかというと、学びや勉強をすることは素晴らしいことなのですが、どのようなことも学びや勉強を始めると「知らないこと」が次々と出てくるものです。

そうすると、

・あれを知ってないと副業できないんじゃないか
・これを知ってないとフリーランスになれないんじゃないか
・ここまで知ってないと転職なんて無理かも

というように、足りない知識ばかりに意識が向かい、すべての**「知らないこと」を「知っている」に変えないといけない**ように感じてしまいます。

でもですよ、すべてを知っている人になんてなれません。特にIT関係は日進月歩で進化していますから、知らないことがどんどんと増えていきます。

だから「勉強しなくてもいい」ということではありません。

進化についていくための勉強や学びは大切です。ここであなたに理解しておいていただきたいことは、すべてを知っている人でなくても「あなたの目標を実現できる」ということなのです。

どんどん出てきて気になる知らないこと。すなわち「知識の隙間」と呼ばれる部分を埋めることは大切ですが、全部埋めないと行動できないという考え方は間違いです。**行動しながら隙間を埋める**という方法もあります。

知識の隙間に惑わされないようにしておきたいですね。

第4章

装飾された情報を作って覚えて読み解こう!

4-1 よりスクレイピング技術をアップするCSSって？

いよいよ、スクレイピングですね。行きましょう！

ちょっと待ってください。ウェブページの基本であるHTMLの基礎の「き」を学びましたが、もう１つスクレイピング技術をアップするために必要なことがあるんです。

へっ？　まだあるんですか？ もうやめようかな……。

もう１つの大切なこと「CSS（シー・エス・エス）」

やめようかなと思うその気持ち、よくわかります。でも、CSSを知っているかどうかで、スクレイピングを行うとき、自分が手にしたい情報をよりピンポイントで見つけられるかどうかが決まるんです。

CSSとは「Cascading Style Sheets」の略で、ウェブページのスタイル（デザイン）を指定する言語です。CSSはHTMLタグの中で指定する「属性」を利用することで、ウェブページの見た目を作り、簡単に変更できるような仕組みになっています。

CSSって関係あるの？

ウェブスクレイピングを行うために、どうしてCSSが必要になってくるのでしょうか？

ウェブスクレイピングとは、ウェブページの情報を取得する技術ですから、

CSSを使ったデザインを気にする必要はないはずです。また、あなたはこれからホームページを作るウェブデザイナーを目指しているわけでもありませんから、「見た目」に関する役割を持つ「CSS」について学ぶ必要なんてないと思われているかもしれません。

しかし、これからパイソンを使ってウェブスクレイピングを体験するためには、ウェブページからより素早くピンポイントで欲しい情報を見つけだし手に入れる必要が出てきます。

1つ前の章で学んだ「HTML」だけでも情報を見つけだし手に入れることはできますが、もっと**ピンポイントで情報を指定するため**には、デザインをカッコよくするためにより細かな指定をしている「CSS」を有効に活用していきたいのです。

CSSを学ばないと困ること

例えば、次のようなコードがあったとします。

```
<div class="tel">075-xxxx-0001</div>
<div class="fax">075-xxxx-0002</div>
<div class="zip">600-xxxx</div>
```

あなたは1行目にある「**tel**」の情報しか欲しくありません。

前の章で学んだHTMLのタグ**<div>**だけでスクレイピングを行うと、**tel**、**fax**、**zip**、3つの情報をすべて取得することになります。無駄な情報が2つも入ってきます。

これは困った状態です。

しかし、**<div>**と、これから学ぶ「CSS」の指定である「**class="tel"**」の使い方が理解できると、ピンポイントで「**tel**」だけの情報を手に入れることができるのです。

CSS、重要だとは思いませんか？

4-2 ウェブページのデザイン「CSS」とは

関係なさそうで、実は「ある」ってことですよね？

はい。だからこそ、全部を完璧に理解する必要はありませんが、仕組みや読み解き方だけは知っておきたいなと。

うーん、早くパイソンをやりたいんですけどね……。

CSSの役割とは

前ページで少し触れましたが、CSSとはHTMLで作ったウェブページの構造をカッコよく、または見やすく「デザイン」するための言語です。

例えば、あなたも様々なウェブページを見ることがあると思いますが、そういったページの中の文字の色、背景色、書体、あと画像の大きさなどを指定しているのが「CSS」なのです。

ちなみにCSSは、「Cascading Style Sheets（カスケーディング・スタイル・シート）」の頭文字を略したものです。エンジニアやウェブデザイナーの間では「シー・エス・エス」とか「スタイルシート」と呼ばれています。

CSSが必要な理由

1996年、インターネットが普及し始めた頃からすでにCSSはありましたが、活躍はしていませんでした。というのも、HTMLがデザインを指定する役割まで担っていたからです。しかしインターネットが爆発的に拡大し、ウェブページも盛んに作れられるようになったことで、文書の構造とデザインを分離することが提案され始めました。

これは文書構造（HTML）にデザインの指示を含めると、後から修正しづらいという問題が出てきたことと、デザインを一括管理することで簡単に変更できるようにしたいという思惑があったのだと思います。

そんな経緯から、文書構造を担うHTMLからデザインを指示するタグ（要素）がなくなっていき、代わりにCSSを使うことでデザイン部分をHTMLから独立させるようになりました。

今やCSSはウェブデザインに必須

今やCSSはウェブデザインに欠かすことができません。ウェブページのデザインを行う役割がメインですが、それ以外にも大きな役割を担っています。

- スマートフォンで見やすいデザインに変化させる
- タブレットで見やすいデザインに変化させる

業界用語としては「レスポンシブ」と呼ばれる、パソコンでもスマホでもタブレットでも、HTML（文書構造）部分は同じなのですが、それぞれの**端末によってデザインを変える**仕事を受け持っています。

CSSは、これからも改善・改良・必要のないものは削除というようにバージョンアップを繰り返していくでしょう。そしてデザインの幅は拡大を続け、見た人を驚かせるような仕掛けが登場することは間違いありません。

4-3 CSSの読み解き方

読み解き方って、なんかややこしそうですね～。

基本的にはHTMLの属性を使うだけですので、ややこしいことはありませんよ。

何度も言いますけど、ややこしいのとか難しいの、大キライなんです！

CSSで見た目を変える方法

CSSを使ってデザインを指定する方法を知っておきましょう。ただし、知っておくだけでOKです。今回はウェブスクレイピングを行うことがゴールですから、細かなデザインの方法に関して理解する必要はありません。もし、あなたにウェブデザインについても学びたいという気持ちが出てきたなら、そのときに詳しく学習してみてください！

CSSでは、以下の基本文法に沿ってデザインを指定します。

▼CSSの書き方

セレクタ｛プロパティ： 値；｝

・セレクタとは、デザインを適用する対象（どの部分に）

・プロパティとは、デザインの機能（何を）

・値とは、デザインの結果（どうする）

HTMLでCSSを使う方法

大きくわけて2つの方法があります。ここでは例として、文字のサイズを大きくするデザインと、文字の色を赤にするデザインで説明します。

▼HTMLタグ（要素）で使う例

```
～CSSコード～
p {font-size: 20px;}
div {color: red;}
～HTMLコード～
<p>今日からはじめるスナップ写真</p>
<div>スナップ写真は怖くない！</div>
```

HTMLの<p>で囲まれた範囲の文字が大きくなり、<div>で囲まれた範囲の文字が赤色になります（図4-3-1）。

▶ブラウザで表示した結果（図4-3-1）

今日からはじめるスナップ写真

スナップ写真は怖くない！

▼HTMLタグの（属性）で使う例

```
～CSSコード～
.catch-copy {font-size: 28px;}
#teaser-copy {color: blue;}
※classの指定には、class名の前に「.（ピリオド）」をつけます。
  idの指定には、id名の前に「#（シャープ）」をつけます。
```

```
～HTMLコード～
<p class="catch-copy">今日からはじめるスナップ写真</p>
<div id="teaser-copy">スナップ写真は怖くない！</div>
```

HTMLの属性で「`class="catch-copy"`」を指定された範囲の文字が大きくなり、IITMLの属性で「`id="teaser-copy"`」を指定された範囲の文字が青色になります（図4-3-2）。

▼ブラウザで表示した結果（図4-3-2）

今日からはじめるスナップ写真

スナップ写真は怖くない！

ウェブスクレイピングで覚えておきたいこと

このように、CSSを指定するためには2つの方法があります。どちらもデザインをすることに代わりはありませんが、ウェブスクレイピングを学ぶ私たちにとって覚えておきたいことは、後者の「HTMLの属性を使う」方法です。

というのも、ウェブページのデザインには、ある程度の規則性があります。例えば商品の一覧表なら、タイトル部分には背景色がデザインされていることが多いです。

いっぽう、商品についての情報が載っている部分は、白背景に黒の文字が並んでいることが多いでしょう。

このようなデザインにおける規則性を読み解くことができれば、タイトル部分の情報は無視し、商品情報の部分だけを効率よく取得する判断材料として使えます。

ウェブスクレイピングを行うときには、できるだけ無駄な情報は無視し、**必要な(欲しい)情報がある場所のパターンを見つけ出す**ことが重要です。

そこでパターンを見つけ出すのに大変役立つのが、今回説明している、HTMLの属性を使って「CSS」を指定する方法なのです。

興味のある人はclassとidの違いも知っておこう

今回のゴールを目指すためには、必ず「class」と「id」この2つの意味する深いところを理解する必要はありません。この2つの意味をしっかり理解する必要があるのは、ウェブデザイナーやウェブアプリケーション開発エンジニアだからです。

でも「やっぱり気になるな」という方は、この先を読んでください。「別にいいから先へ進みたい」という方は、P113へ進みましょう。

属性に指定する「class」と「id」には違いがあります。

classは、1つのウェブページの中に同じ種類のデザインを「何度」も指定することができます。

idは、1つのウェブページの中で「1度」しか使うことができません。

「idは一度だけ? それって使いづらいのでは?」と思われるかもしれません。確かにデザインだけを考えると、同じ種類のデザインを1つのウェブページの中で何度も指定できないのは不便です。そこで最近は、classとidを次のように使い分けています。

- デザインを指定する
  →classを使う
- ウェブアプリケーションやJavaScriptでプログラミング
  →idを使う

なお、ウェブスクレイピングを行う場合は、どちらでもあまり関係はありません。私たちが注目するのはHTMLの要素や属性だからです。

あくまでも今回は知識としてこのような違いがあることを知っておくと、ウェブデザインやウェブアプリケーション開発に興味が出たとき役立つでしょう。

4-4 CSSが置かれている場所を知っておこう

そんなの、どこでもいいんじゃないんですか？　だってコンピュータって賢いんでしょ？　自分で見つけてくれると思ってるんですけど……。

そう思うのも無理はないですが、実際にはそんなことありません。コンピュータは賢いですが、あなたが頭の中で考えているものを察知して見つけることはできないんです。

CSSを書いて置いておく３つの場所

ウェブスクレイピングで使うセレクタの先には、多くの場合CSSによってデザインが指定されています。

では、デザインの内容はどこに書かれているのかというと、次から説明する3つの場所の「どこか」に存在しています。

【置かれる場所1：HTMLのタグの中】

HTMLのタグには、属性を指定することができました。この特性を利用し、HTMLタグの中へ属性「style」を使い、直接CSSコードを記述します。

▼HTMLタグの中にCSSを書いた例

```
<p style="font-size: 20px;">スナップを学ぶ!</p>
```

【置かれる場所２：HTMLの<head>〜</head>の間】

HTMLの中に、コンピュータに理解してもらう情報を書く場所<head>〜</head>があったことを思い出してください。ここに<style>〜</style>タグを追加し、その中へCSSコードを記述することができます。

▼HTMLの<head>〜</head>の中にCSSを書いた例

```
<!DOCTYPE html>
<html lang="ja">
<head>
  <meta charset="UTF-8">
  <title>今日からはじめるスナップ写真</title>
  <style>
    p {font-size: 20px;}
  </style>
</head>
<body>
  <p>スナップを学ぶ！</p>
</body>
</html>
```

他のウェブページとデザインを共有しなくてもいい場合に、使われることが多い方法です。

【置かれる場所３：外部ファイル】

複数のウェブページでデザインを共有したい場合に使われる方法です。HTMLがブラウザへ読み込まれたとき、一緒に外部に置かれているデザイン情報（CSS）だけが集まったファイルを読み込んで使います。

読み込む時には、<head>〜</head>の間に<link>タグを使い、外部に置かれているCSSファイルの場所を指定します。きちんと指定しておかないとコンピュータは見つけることができないため、デザインされないウェブページが表示されてしまいます。

▼外部ファイルを使ってCSSを書いた例（HTMLコード）

```
<!DOCTYPE html>
<html lang="ja">
<head>
  <meta charset="UTF-8">
  <link href="css/style.css" type="text/css"
rel="stylesheet">
  <title>今日からはじめるスナップ写真</title>
</head>
<body>
  <p>スナップを学ぶ！</p>
</body>
</html>
```

▼外部ファイルを使ってCSSを書いた例（CSSコード）

「保存場所：css/style.css」の内容

```
p {font-size: 20px;}
```

上の例では、HTMLファイルと同じ階層に「css」というサブディレクトリ（フォルダ）があり、その中にデザイン情報だけを集めた「style.css」という名前のファイルが置かれているケースを示しています。

なお、図で表すと次のようになります。

▶HTMLファイルと外部CSSの関係（図4-4-1）

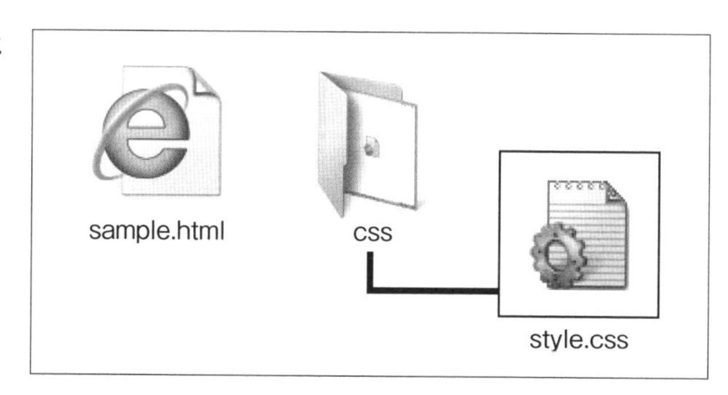

4-5 文字の色を変えて注目度アップ！

正直なところ、ウェブスクレイピングだけを学ぶのであれば、デザイン部分は必要ありません。でもせっかくなので、少し体験しておきましょう。

いつかウェブデザインに興味を持ったときに、役に立つ話だってことですか？

そうですね。もし将来、そっち方面のスキルも獲得して、副業で収入の柱を増やしたいなと思ったときの足がかりになると思います！

文字の色を変える理由

文字の色を変える理由ですが、一言で言うと**「注目度アップ」したい**からです。黒い文字ばかりの中に、赤字で書かれた部分があると目を引きますよね。

▼文字の色を変えるCSSコードの書き方

```
color: 色の名前　または　色の値;
```

文字の色を変えて表示してみた例

▼HTMLとCSSコード（関係のある部分を抜粋）

```
<head>
  <style>
    p.sample {color: red;}
  </style>
</head>
<body>
  <p>スナップ写真は怖くない</p>
  <p class="sample">スナップ写真を学ぼう！</p>
</body>
```

▶ブラウザで表示した結果（図4-5-1）

スナップ写真は怖くない

スナップ写真を学ぼう！

色の名前と値について

色には「カラーコード」というものがあります。カラーコードには3つの種類があり、どの方法を使ってもかまいません。

⑴ 色名（例：red、yellow、blue）
⑵ RGBA（例：rgb [255,0,0,0]）
⑶ 16進（例：#FF0000）

どの色がどのコードで表現できるのかは、次のサイトを活用させてもらうと大変わかりやすいです。色見本がありますので、見てすぐに使いたいコードがわかります。

原色大事典（http://www.colordic.org/）

4-6 文字の大きさを変えて視線を止めよう

文字の色を変えるのは楽しいですね。こういうのならやってみようかなと思います！

ではもう１つ、文字を使って遊んでみましょう。これも変化がわかりやすいですよ。

やりたいです！ 何をするんですか？ 興味が出てきました！

文字の大きさを変える理由

文字の色を変える理由に近いです。一言で言いますと、文字の大きさを変えるのも「注目度アップ」したいからです。新聞や雑誌を見るとわかりますが、視線を止めさせたい部分の文字が大きくなっています。広告ではキャッチコピー部分の文字を大きくすることが多いですね。

文字の大きさを変えるCSSコードの書き方

文字のサイズはピクセルという単位の数値で指定します。**数値が大きいほうが文字のサイズも大きくなります。**

▼文字の大きさを変えるCSSコード

```
font-size: 文字のサイズ;
```


文字のサイズを変えて表示してみた例

▼HTMLとCSSコード（関係のある部分を抜粋）

```
<head>
  <style>
    p.sample {font-size: 18px;}
  </style>
</head>
<body>
  <p>スナップ写真は怖くない</p>
  <p class="sample">スナップ写真を学ぼう！</p>
</body>
```

▶ブラウザで表示した結果（図4-6-1）

スナップ写真は怖くない

スナップ写真を学ぼう！

文字サイズの使い方

文字は4つくらいの大きさを使うのが一般的です。

ベースとなる文字サイズ：16ピクセルくらい
文章の中で出てくる小見出し：18ピクセル
文章の区切りになる見出し：24ピクセル
キャッチコピーなどタイトル：32ピクセル

このような文字サイズの配分を基本にして、全体のバランスを考えながら微調整していきます。

1つのウェブページ（書籍の場合は1ページ）の中に、たくさんのサイズに装飾された文字が散りばめられていると、見た目がごちゃごちゃとしているように感じます。

このような「ごちゃごちゃ感」を目指す場合、それは表現方法の1つなので問題ありませんが、そうではなく、しっかりと内容を読んでもらいたい、見てもらいたいというビジネスや副業など「収入」に関係するシーンでは、目が疲れず読み進めやすい文字サイズにすることが大切です。

文章は文字サイズによって、印象が大きく変わります。注意しておきましょう。

4-7 横幅を変えて見やすくしよう

横幅を変えるって必要なんですか？ 勝手にやってくれても良さそうなんですけど。

ある程度は自動的にやってくれるのですが、あくまで自動なので意図していない結果になることもあるんです。

意図していないって、ビョ〜ンって画像が横に伸びているようなカッコわるい状態ですか？

横幅の大きさを変える理由

画像や文字が表示されている部分の横幅を自分で変えられると、デザインの幅が広がります。また、間延びした部分を狭くすることでキリッとした印象に変えることもできます。

▼横幅の大きさを変えるCSSコード

```
width: 幅のサイズ;
```

幅のサイズは、ピクセルという単位や、全体に対してのパーセント単位の数値で指定します。数値が大きいほうが幅のサイズも大きくなります。

横幅のサイズを変えて表示してみた例

▼HTMLとCSSコード（関係のある部分を抜粋）

```
<head>
  <style>
    th.title {width: 30%;}
  </style>
</head>
<body>
  <table>
    <tr><th>タイトル</th><th>画像</th></tr>
  </table>
  <table>
    <tr><th class="title">タイトル</th><th>画像</th></tr>
  </table>
</body>
```

▶ブラウザで表示した結果（図4-7-1）

タイトル	画像

タイトル	画像

横幅のサイズの使い方

例えば画像を表示したい場合、そのままの大きさでは横にはみ出してしまうことがあります。こういった場合、あらかじめわかっている幅に画像の表示領域を「**width**」で決めておきます。そうすると、その範囲からはみ出すことがなくなりますので、デザインが大幅に崩れることが減ってきます。

また、今回の例のように「表」の「列」の幅をコントロールしたい場合にも使えます。タイトルは小さめでいいけれど、画像の部分は大きくしておきたい。こんなとき、列単位に幅を決めることで、理想の表形式を作ることもできます。

4-8 文字や画像の表示位置を変えて見やすくしよう

表示位置ってなんですか？ 普段そんなの使ったことありませんけど。

仕事で作る企画書とか、報告書で右寄せとか左寄せとか使っていませんか？

あぁ～、よくわかないんで普段は全部真ん中へ集めてます。アメリカンな感じが好きなんで！

表示位置を変える理由

文字や画像を表示するとき、いつも左寄せでは変化がでなくて面白味がありません。ときには右へ寄せてみたり、中央で表示してみたりすることで、ページ全体の中で変化が出ると集中しやすくなります。

特にページの中で話題の区切りにもなる「見出し」部分や、目を引くためのアイキャッチ画像などは、中央で表示すると目に入りやすくなり、見てもらえる機会が増えていきます。

▼表示位置の場所を変えるCSSコード

```
text-align: 表示位置（表示を揃える位置）;
```

表示位置には、次の3つが使えます。

左揃え：left

中央揃え：center

右揃え：right

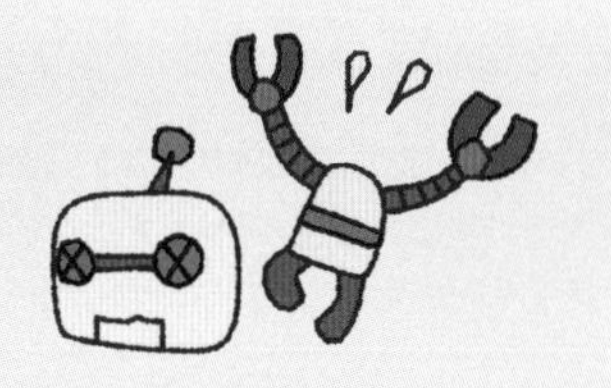

text-alignで表示位置を指定しない場合は、「左揃え」になります。

表示位置を変えて表示してみた例

▼HTMLとCSSコード（関係のある部分を抜粋）

```
<head>
  <style>
    p.left {text-align: left;}
    p.center {text-align: center;}
    p.right {text-align: right;}
  </style>
</head>
<body>
  <p class="left">スナップ写真を学ぼう〜1回目</p>
  <p class="center">スナップ写真を学ぼう〜2回目</p>
  <p class="right">スナップ写真を学ぼう〜3回目</p>
</body>
```

▼ブラウザで表示した結果（図4-8-1）

スナップ写真を学ぼう〜1回目

スナップ写真を学ぼう〜2回目

スナップ写真を学ぼう〜3回目

表示位置の使い方

　ウェブページで見かけることの多いケースを紹介します。

　左寄せは、もっとも多く使われている位置だと言えます。文章は基本的に左寄せで表示することが多いです。
　右寄せは、ページの下部に書かれている「署名」で使うことが多いです。
　中央寄せは、タイトルや見出し、画像など。目を引きたい部分に使われることが多いです。

課題3 ウェブページをデザインしてみよう！

以下の手順に沿って、ウェブページをデザインしてみましょう。この経験から、ウェブスクレイピングで使うことが多い、CSSの指定方法（セレクタ）について理解を深めてください。

STEP1　課題2で作ったウェブページを準備する

テキストエディタを起動したら、メニューから「ファイル」→「開く」を選び、課題2で作ったHTMLファイルを読み込みます。

読み込み先は以下のとおりです。

ファイル名：photo-list.html
保存場所：ドキュメント（macは書類）/progws/workspace/

STEP2　CSSを入力するための準備をする

今回は、CSSをHTMLの<head>～</head>の間へ、<style>タグを使って入力します。

▼<style>タグを指定するHTMLコード

```
<style>
</style>
```

STEP3 デザインをCSSコードで追加する

デザインを追加していきます。<style>～</style>の間に、以下のCSSコードを入力していきましょう。

▼<h1>の文字サイズを36pxに指定

```
h1 {font-size:36px;}
```

▼<h2>の文字サイズを24pxに、文字色をダークブルーに指定

```
h2 {font-size:24px; color:darkblue;}
```

▼箇条書きの文字サイズを12pxに指定

```
#global-menu {font-size: 12px;}
```

▼表の画像タイトル部分の文字位置を中央に指定

```
td.title {text-align: center;}
```

▼画像のキャプションの文字サイズを8pxに指定

```
figcaption {font-size:8px;}
```

STEP4 ブラウザで表示する

ここまで入力できたら保存します。保存したファイル「photo-list.html」をエクスプローラー（Macの場合はFinder）で保存場所から見つけ、ファイルをダブルクリックします。

図：課題3-1

Hibino Photo Studio

- 星空
- 木漏れ日
- 画像の説明

星空

山奥から見える星雲の写真

2019年7月21日撮影

木漏れ日

夏の木漏れ日の写真

2013年8月28日撮影

画像についての説明

このページで使用している画像は、無料画像サイト「ぱくたそ」さんのものを利用させていただきました。
「ぱくたそ」さんのウェブサイトはこちらからどうぞ→ココをクリック

copyrights 2020 Hibino Photo Studio.

※全体の横幅はお使いの環境によって変化します。また、文章の折り返し場所は同じようにならないかもしれません。

～同じようにならないときは？～

P54でダウンロードした完成版と見比べてみましょう。丁寧に比較し原因を自分で見つけることで、確実にスキルが身についていくはずです。

いよいよ、次の章からウェブスクレイピングで使うプログラミング言語「パイソン」の基礎を学びながら、一緒にスクレイピングプログラミングも学んでいきます。

column

副業を
単発で終わらせないコツ

副業をスタートしても、単発（1回きり）の仕事が依頼されるだけで終わってしまう人がいます。でも、できることなら同じ人から継続して仕事を依頼された方が、お互いの意志疎通や好み、望んでいることがわかっていますので、気持ちにゆとりを持ちながら楽しめると思うのです。

では、どうすればこういった関係性を築けるのかというと、

・相手が面倒だと考えていることを先回りして用意する
・相手が面倒だと考えていることの解決策を提案する
・相手が面倒だと考えていることを丁寧に聞く

常に「相手」が**何をしてほしいと考えているのか**、ここにフォーカスすることで、あなたは他の人とは違う「相手にとって役立つ特別な人」になることができます。人によってはこれを「ただの便利使いにされているだけ」と考える人もいますが、まずは相手に「こいつは使えるな」と思ってもらえないと継続して仕事を獲得することはできません。

もし相手の人間性に問題があり、何をやっても「便利屋」としか考えていないことがわかったなら、こちらから離れていけばいいだけです。だって、副業は会社の名前で仕事をしているのではなく、**あなたの名前で仕事をしている**のですから、責任も決定権もすべてあなたが持っています。

上司に確認する必要はありません。会社のためでもありません。あなたが納得して楽しく稼げるように選択することが大切なのです。

第5章

ウェブページから情報を手に入れる「ウェブスクレイピング」

5-1 ウェブスクレイピングって何なの？

ここからいよいよ、ウェブスクレイピングをマスターしていきますよ！

やっと本題ですか！　でも、ここまでがあまりにも長かったんで、今のモチベーションは10%くらいです……。

ウェブスクレイピングって？

ウェブスクレイピングとは、インターネット上にあるウェブページの情報を**解析して必要なデータを収集整理する**プログラムです。今回はウェブスクレイピングと呼んでいますが、次のように呼ばれることもあります。

- **ウェブハーベスティング**
- **ウェブデータ抽出**
- **ウェブデータマイニング**

ウェブスクレイピングが必要な理由

例えば、あなたは最近デジカメがほしくてたまらなかったとします。価格の変動を調べるために毎日25件のお店のウェブページを見て、エクセルシートへお店別の価格をキーボードやマウスを使って手作業でコピペしています。

この行動、2〜3日なら苦もなくできますが1週間、10日、14日、21日と続けることができるでしょうか？　それなりにコピペの時間も必要ですから、残業続きで眠い場合なんかは苦行になる可能性があります。

こういったケースでウェブスクレイピングがあると、あなたは毎日、自分が作ったウェブスクレイピングプログラムを実行するだけで、エクセルシートへお店のウェブページから価格を自動的にコピペすることができるのです。

人間がこういった作業を行うと、時間も使いますしコピペする場所を間違えることも出てきます。しかしプログラムに肩代わりさせることで、人間よりもスピーディーで正確に作業をやってくれるのです。言わば、あなた専属のデータ収集に強い秘書を手に入れたのと同じです。

データ収集は未来に重要なポイント

インターネットが普及し情報がデジタル化されたことで、貴重な情報も簡単に手に入るようになりました。ただ残念なことに、ウェブ上のデータはどこも同じような形式で整理されていないため、人間が見る分には問題ありませんが、データとして収集するためには便利ではありません。

しかし、これから未来のことを考えると、ウェブ上のデータを収集し分析することが、すべての仕事に必要となってくるでしょう。その証拠に、最近ではデータを収集し扱う専門家「データサイエンティスト」という仕事も生まれています。

このことからもわかりますが、副業でも転職でも起業する場合でも、自分の欲しいデータを素早く間違えずに収集できることは、これまでよりも高い収入を得るための方法を見つけるために役立つはずなのです。

5-2 ウェブスクレイピングする方法

ウェブスクレイピングって、これから必要になる分野なんですね！

どんな業種にもデータに基づいた行動や計画が必要になりますからね。だから、データの収集は「金脈」や「石油」を見つけることに似ていると表現する人もいます。

ネットにはお金になるかもしれない原石があふれているんですね。やる気が出てきました！

ウェブスクレイピングに最低限必要な３つの知識

ウェブスクレイピングをするためには最低限、ここまで学んだ2つの知識と、これから学ぶ次の知識が必要です。

(1) HTMLの構造
(2) CSSのセレクタ
(3) パイソン（Python）

特にパイソン（Python）は心強い味方

今回はパイソンというプログラミング言語を使って、ウェブスクレイピングを行います。どうしてパイソンを選ぶのかというと、次のメリットが文系のあなたにとって強い味方になってくれると感じているからです。

⑴ プログラミングしやすい言語である

キッズプログラミング教室でも使われていますから、簡単に学習して使えます。

⑵ 簡単にインターネットとやり取りできる

インターネットとやり取りできないと、ウェブスクレイピングはできません。パイソンは、簡単にやり取りする方法を準備してくれています。

⑶ ウェブスクレイピングの準備も万全

パイソンには、私たちのやりたいことを簡単に実現できる「機能の集まり(これをライブラリと呼びます)」が沢山あります。当然のように、ウェブスクレイピングが簡単にできる機能も既に提供されています。

ウェブスクレイピングする方法

簡単にまとめると、次のようになります。

⑴ まずは収集したいデータがあるウェブページへ、パイソンで作ったプログラムから接続（アクセス）します。
⑵ ウェブページを作っているHTMLの構造とCSSのセレクタの知識を使って、ページ内を解析します。
⑶ 欲しいデータの部分を見つけます。
⑷ 見つけたデータだけを、パイソンで作ったプログラムで収集します。
⑸ 必要であればエクセルなどへ記録します。

以上、やるべきことは非常に簡単ですね。

5-3 ちまたで人気のパイソンを選ぶ理由

今さらですが、パイソンは知ってますか？　最近の調査では、学びたいプログラミング言語で1位2位を争うくらい人気なんですよ。

名前は聞いたことありますけど、詳しいことは知らないです……。

パイソンの特徴

パイソンが登場したのは1991年で、プログラミング言語の中では新しい部類に入ります。

パイソン最大の特徴は、**学習の敷居が低い**という点です。さらに、次のような特徴もあります。

- 誰がプログラムを書いても、同じような出来映えになる
- 他人が見ても理解しやすいプログラムができあがる
- インターネットやAI、機械学習などの機能も使いやすい

パイソンはどこで使われ始めているのか

現在、幅広い分野でパイソンが使われ始めています。例えば、次のような分野です。

- **Webアプリケーション開発**
- **AI**
- **科学技術計算**
- **データ解析**
- **教育現場**

さらにパイソンは、WindowsでもMacでも同じプログラムが使えて動きます。これは、一度作ったプログラムの活用範囲が広がるということですね。

ウェブスクレイピングとパイソンの関係

先ほども話しましたが、パイソンにはウェブスクレイピングを簡単に行うための機能が準備されています。また、ウェブスクレイピングに必要となるインターネットとのやりとりや、エクセルファイルなどへの記録（保存）に関する機能も既に存在しています。

さらに、パイソンの人気が上昇していることで少しでもわからないことが出てきた場合、Googleを使って検索すると大抵は世界中の誰かがあなたと同じ問題にぶち当たり、既に解決する方法を見つけ親切に教えてくれています。

わからないこと、困ったことが出てきても解決する糸口すら見つけられないのなら、あきらめて挫折するしか道がありません。しかしGoogleを使って検索することで、すぐに解決の糸口や解決策そのものを見つけることができるのなら、小さな一歩でも前に進むことができるでしょう。

つまり、これからパイソンを学び始めたとしても、**挫折することなく確実に、経験と知識、そして技術を身につけることができる**のです。

5-4 スクレイピングプログラミング環境を準備しよう

いよいよ、パイソンを使ってプログラミングをスタートできるんですね！

はい、いよいよです。それでは、プログラミングをするための環境を準備しましょう。

えっ!? ちょっと待ってください。何か準備しないといけないんですか？

プログラミング環境を準備しよう!

それではスクレイピングプログラミング環境を準備していきましょう。

本書では総ページ数の都合上、「プログラミング環境のインストールや作成、簡単な使い方の基本」に関するページは丸々カットしています。そこで、**無料特典という形でカットしたページをPDFにてご用意**いたしました。次のURLからダウンロードしてください。

https://021pt.kyotohibishin.com/books/wspg/bonus

ダウンロードが完了したら、以下の順にPDFの内容を見ながらツールを準備していきましょう。

1：Anacondaのインストール手順について

- ■第一の難関～ダウンロード～
- ■第二の難関～インストール～
- ■第三の難関～起動と終了～
- ■しっかり覚えておきたいポイント
- ■無事に難関を突破できた方へ

ツールの準備が整いましたら、プログラミングの学習環境を作ります。以下の順にPDFの内容を見ながら、環境を準備しましょう。

2：スクレイピングの学習環境を作ろう

- ■学習環境の基本を作る
- ■スクレイピング機能を追加する
- ■ウェブページから情報を手に入れる機能を追加する

学習環境が準備できたら、ツールと環境の基本的な使い方を覚えておきましょう。以下の順にPDFの内容を見ながら、実際に操作して慣れておくことが大切です。

3：学習環境の使い方を覚えておこう

- ■ターミナルを選ぶ方法
- ■ターミナルを終了する方法

5-5 文字と数字を表示してみよう

最初は、私たちが普段使っている文字と数字をパイソンで表示してみましょう。

はい！ なんかこれまでよりも面白そうですね〜。

パイソンでプログラミングするときのルール

パイソンでプログラミングをするときには、次のルールを守っておくことが大切です。**ルールを無視してプログラミングしても思うような結果にはなりません。**

①大文字と小文字に注意して入力しましょう。少し違うだけでも動きません。
②日本語部分以外はすべて、「半角英数記号」を使うと考えておきましょう。
③日本語部分以外に全角の空白を入力してはいけません。
④1つの命令は1行ずつ書くようにしましょう。

また、次のように表現することもあります。一応、知っておいてください。

「プログラムを書く　＝　コードを書く」
「プログラムを読む　＝　コードを読む」

文字や数字を表示する方法

次のような命令で、「表示したい値」に書いた内容を画面に出力することができます。文字の場合は「'（シングルクォート）」で値を囲みます。数字の場合はそのままでOKです。

```
print(表示したい値)
```

ターミナルから表示する方法

それでは、ターミナルから表示する方法を説明します。まずは先ほど環境を準備したときに行った手順に従って、ターミナルを出してみてください。

ターミナルが開きましたら、キーボードから「**python**」と入力します。入力できればEnterキーを押しましょう。すると、画面には「>>>」と表示されているはずです（図5-5-1）。

▼ターミナルが待っている状態（図5-5-1）

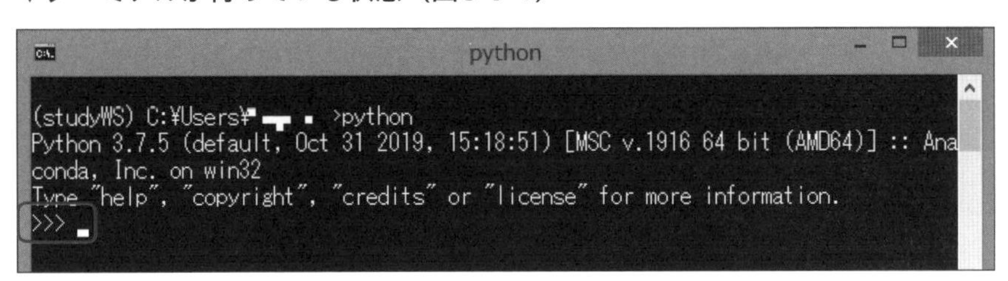

※画像はWindowsの画面です。

「>>>」の後ろに、次のように入力します。
まずは文字を表示してみましょう。

```
print('パイソンとバイソンの違い')
```

入力が終わればEnterキーを押します。すると、図5-5-2のように表示されます。

▼ターミナルに文字が表示された（図5-5-2）

```
>>> print('パイソンとバイソンの違い')
パイソンとバイソンの違い
>>> _
```

※文字なので、「'」に注意しましょう！　うまく表示されない場合は、もう一度見直しながら丁寧に入力してみてください。

うまく表示されたら、数字を表示してみましょう。
「>>>」の後ろに、次のように入力します。

```
print(10000)
```

入力が終わればEnterキーを押します。すると、図5-5-3のように表示されます。

▼ターミナルに数字が表示された（図5-5-3）

```
>>> print(10000)
10000
>>>
```

※数字なので、「'」は必要ありません。うまく表示されない場合は、もう一度見直しながら丁寧に入力してみてください。

パイソンの環境を抜け出す方法

数値が表示されたら、「>>>」の後ろへ次のように入力します。すると、パイソンの環境から抜け出せます。

```
exit()
```


入力が終わればEnterキーを押します。すると、図5-5-4のように表示されます。

▼ターミナルに戻った状態（図5-5-4）

```
>>> exit()

(studyWS) C:¥Users¥    >
```

※画面はWindowsです。

プログラムをファイルへ保存する方法

プログラムは何度も使い回したいものです。そのためには、毎回消えないようにファイルへコードを書いて保存しておくことが必要。ワードやエクセルをファイルへ保存して何度も使い回すのと同じ考え方です。

ファイルへ保存するためには、テキストエディタでコードを書かないといけません。まずはテキストエディタを起動しましょう。

テキストエディタが起動できたら、先ほどと似たコードをキーボードから入力します。

```
print('パイソンとバイソンの違い！！！')
```

入力が終わればファイルを保存します。保存するときには、ファイル名と保存する場所、保存形式を指定します。これはHTMLやCSSのところで学んだことと同じです。

ここでは、次のような名前をつけて保存します（図5-5-5）。

ファイル名：diff_python_bison.py
保存場所：ドキュメント/progws/workspace/
（mac：書類/progws/workspace）
保存形式（文字コード）：UTF-8

▼保存先を指定しているダイアログ（図5-5-5）

※画面はWindowsのメモ帳です。

保存できましたら、Windowsの方はエクスプローラー、Macの方はFinderで保存した場所を見てください。先ほど作ったファイルが存在していることがわかります（図5-5-6）。

▼保存先された状態（図5-5-6）

※画面はWindowsのエクスプローラーで見たところです。

保存したプログラムを動かそう

保存したパイソンのプログラムを動かしてみます。

まずは、ターミナルが表示されているか確認しましょう。表示されていない場合は、ターミナルを開くところから始めてください。

ターミナルが表示されていることが確認できれば、キーボードから次のように入力し、自分の居場所をファイルが保存されてる場所へ移動します。

```
cd Documents/progws/workspace
```

入力が終わればEnterキーを押します。すると、Windowsでは図5-5-7のように表示されます。

▼場所を移動した状態（図5-5-7）

```
(studyWS) C:¥Users¥■ ■ ■ ¥Documents¥progws¥workspace>_
```

※画面はWindowsです。

Macは見た目が変わりませんので、キーボードから次のように入力します。

```
pwd
```

入力が終わればEnterキーを押します。すると、Macは次のように表示されます。

```
/Users/ユーザー名/Documents/progws/workspace
```

※「ユーザー名」には、あなたのMacへログインしている人の名前が入ります。

場所の移動ができれば、後は簡単です。次のように、自分で作って保存したパイソンプログラムを動かすように命令するだけで動きます。

```
python diff_python_bison.py
```

※「python」とファイル名の間には、半角空白が1つ以上必要です。

入力が終わればEnterキーを押します。すると、プログラミングした結果が表示されます（図5-5-8）。

▼プログラムが動いた結果（図5-5-8）

```
パイソンとバイソンの違い！！！
```

「No such file or directory」と表示された場合、ファイルを保存した場所へ移動できていないか、動かそうとしているファイル名が正しいか確認してみましょう。

※Windowsを使用されている方の中には、お使いの環境によって上手くいかない場合があります。上手くいかない方は以下の追加情報ページに対応方法が記載されていますので確認してみてください。
https://021pt.kyotohibishin.com/books/wspg/knowledge-faq/

ここで一度、ターミナルを終了します。テキストエディタも終了しておきましょう。

本書における「パイソンプログラムの動かし方」のまとめ

STEP1

Anaconda Navigatorを起動します。

STEP2

Environmentsから「studyWS」を選択し、サブメニューから「Open Terminal」をクリックします。

STEP3

ターミナルが表示されましたら、次のようにキーボードから入力します。

```
cd Documents/progws/workspace
```

入力できたらEnterキーを押します。

STEP4

自分の居場所を確認します。

Windowsの場合：「cd」と入力
Macの場合：「pwd」と入力

STEP5

ターミナルへ次のように入力し、保存したパイソンプログラムを動かします。

```
python 保存したプログラムファイル名
```

入力できたらEnterキーを押します。すると、プログラムが動き出します。

なお、「python」と保存したプログラムファイル名との間には、**半角空白を1つ以上**入れてください。また、プログラムファイル名の拡張子「.py」も忘れないように入力しましょう。

「No such file or directory」と表示された場合は、ファイル名が間違っているか、ファイルが保存された場所ではないので見つからないかのどちらかです。STEP3から確認してみましょう。自分の居場所も含めて「訳がわからない！」という状態になった場合は、一度ターミナルを終了して、STEP2から落ち着いて始めてみてください。

STEP6

ターミナルの終了方法は、ターミナルへキーボードから次のように入力します。

```
exit
```

入力できたらEnterキーを押します。

Windowsの場合はターミナルが閉じます。Macの場合は「プロセスが完了しました」と表示されますので、キーボードから「command」と「Q」を同時に押すと、ターミナルが閉じます。

以上、これから何度も行う手順ですので、わからなくなったらこのページを読み返してみてください。そのうちに手が覚えてきて、このページを見なくてもできるようになるでしょう。スキルとは、数稽古の結果でもあるのです。

5-6 文字と数字を使ってみよう

うまく表示できると楽しいですね～。

プログラムは自分が書いたとおりにしか動きませんので、思ったとおりにできたということは、自分の書いたことが正しかったという結果なんですよ。

すぐに結果がわかるのがいいですね。なんか、やる気が出てきましたよ！

やる気が出てきたところで、次は文字と数字を使ってみましょうか。

文字を連結してみよう

プログラミングでは、文字同士を連結することがあります。例えば、「わたしは」と「ネコ」をくっつけると「わたしはネコ」となり、意味の通る言葉ができあがります。これをプログラミングすると、次のようになります。

```
'わたしは' + 'ネコ'
```

文字と文字を半角の「+」で足し算するように書くと、くっつけることができます。イメージしやすいので簡単ですね。

数字を足し算してみよう

プログラミングでは計算することもできます。例えば、1+10とか256+1024とか。これをプログラミングすると、次のようになります。

```
1 + 10
256 + 1024
```

数字と数字を、半角の「+」で算数の足し算と同じように書くと加算することができます。非常にわかりやすいですね。

変数を覚えよう

プログラミングを学ぶときに避けて通れないのが変数です。変数とは、**プログラムの動きに合わせて内容が変化していく情報を一時的に記憶しておく「箱」のような存在**です。例えば、次のようなプログラムが動いている場合、変数「トロ箱」の内容は変化していきます。

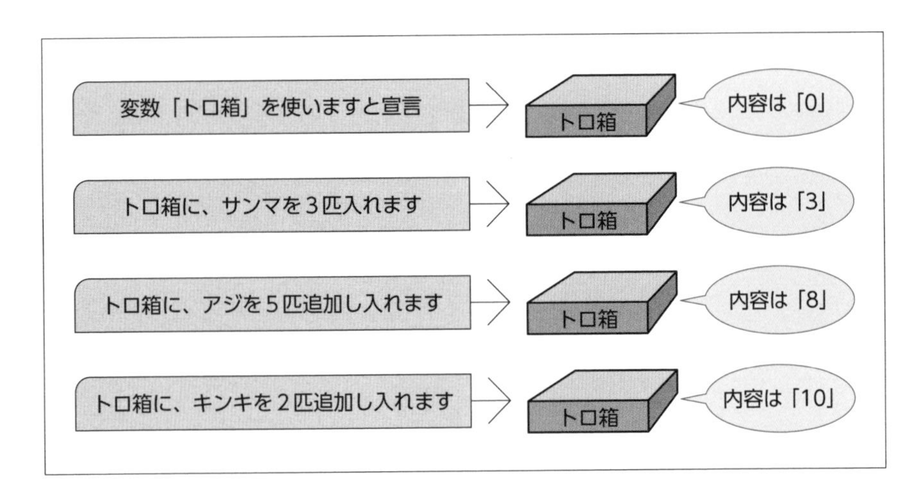

変数「トロ箱」の内容は、入る魚の数によって変化していきます。これは、

普段使っている電卓の「M+」とか「M-」という表示のある「メモリー」機能と同じ働きをしています。

それでは変数を使って、先ほどの文字の連結と数字の足し算をプログラミングするとどうなるのかを見てみましょう。

変数の名前は内容がイメージできるものなら、どんな名前を付けても問題ありません。ただし、変数の名前には「半角英数」と「_（アンダースコア）」だけを使うようにすると、トラブルが起こりにくくなります。

```
my_profile = 'わたしは' + 'ネコ'
add_result = 1 + 10
byte_result = 256 + 1024
```

「=」の左にある変数へ、右側の処理結果を代入しています。この状態を、エンジニアは「変数へ値を処理して代入する」と表現します。

変数の代入のバリエーション

変数への代入は、文字や数字の処理結果だけではありません。変数を含めた処理結果も代入することができます。

```
result_total = add_result + byte_result + 4
```

このように、変数同士を使った足し算を行うことも可能です。ちなみに、この計算結果である変数「result_total」の内容は、「add_result」が1 + 10、「byte_result」が256 + 1024、両方の足し算へさらに + 4 なので、「1295」となります。

変数とは、一時的に情報（値）を記憶して、あっちで使ったりこっちで使ったりするための箱ですから、このように箱同士を1つにまとめて、新しい箱を作ることも可能なのです。

情報（値）には「型」がある

変数の内容である情報（値）には、次のような「型」があります。どうして「型」が必要なのかというと、人間にとっては簡単なことが、プログラムにとっては簡単ではないからです。

例えば、コンビニで買い物したときに支払う金額は、足し算やかけ算、わり算などに使える「数字」です。対してあなたが住んでいる住所に含まれている数字（9丁目とか○○ハイツ203とか）は、計算には使えない「数字」です。

人間なら同じ「数字」であっても、それぞれ使われる意図が違うことを理解できます。しかし、プログラムは「数字」としてしか理解できません。でも、それでは困ります。住所に含まれる数字を計算に使われても意味がありませんし、プログラムなら使えないようにしておきたいところです。

このように、人間なら簡単に判別できることがプログラムでは簡単でないため、あらかじめ人間がプログラムを書くときに、「これは数値ですよ」「これは数字ですが文字として扱ってくださいね」と「型」を教えてあげる必要があるのです。

パイソンの基本的な型

次の4つの型が基本です。他にもありますが、まずはこの4つを理解しておきましょう。あとは、必要なタイミングで少しずつ検索などしながら学びを深めていってください。

扱う情報	型	表現
文字列	文字列型	str（ストラ）型と表現します
数値	整数型	int（イント）型と表現します
	浮動小数点型	float（フロート）型と表現します
論理	論理型	bool（ブール）型と表現します

文字列型

すでに出てきています。シングルクォーテーション、またはダブルクォーテーションで囲んだ値が文字列です。

```
例：name = '日比野新' city = "木津川市"
```

整数型

これもすでに出てきています。小数点以下が発生していない数値を、そのまま使った値です。

```
例：price = 1000
```

浮動小数点型

小数点以下が発生している数値です。

```
例：tax = 0.10
```

論理型

論理型とは、「真/偽」「1/0」のように、2つに1つの選択を表現するときに使います。真や1の場合は「True」、偽や0の場合は「False」と、パイソンでは使います。

例：bmi_status = (70 / (1.65 * 1.65)) > 25
計算結果が25以上だった場合は「True」、25未満だった場合は「False」となります。

似ているけど少し違うので要注意

price = 1000やtax = 0.10は数値です。

しかしこれを、price = '1000'やtax = "0.10"としてしまうと、**見た目は数値ですが、型としては文字列**になってしまいます。ということは、計算には使えないということです。

パッと見たところでは似ているのですが、型が違っているので、思うように計算できないトラブルに遭遇しやすいです。

自分が使う情報（値）の使い方を考えて、適切な型を教えるように心がけましょう。それが、後でトラブルに遭遇しにくいポイントです。

コードを見たときわかりやすくしておこう

プログラムを書いているときは必死なので、ごちゃごちゃしたコードでもわかっています。でも、2〜3ヶ月経ってからコードを見直すと……自分で書いたことがさっぱりわからない。こんな悲劇に出会うこともあります。

そこで、こんな後悔を少しでもしないでいいようにするためには、「コメント」という機能を使うようにします。

コメントの書き方

パイソンでのコメントの書き方は、次のとおりです。

#コメント文

行頭に半角の「#」を置くことで、プログラムの動きには全く影響しない、ただのメッセージを書くことができます。この機能によって、ややこしい計算式や、忘れそうな処理の説明を日本語で書いておくと、将来見直したときにも「あ〜、そうそう！」と簡単に理解することができます。

また、コメントは自分だけではなく、他の人がプログラムを見たときにも理解を助ける役割をします。コメントを書くときには「面倒だし書くのやめようかな」と思ってしまうかもしれませんが、そこをグッとこらえて書いておく習慣を身につけておきたいですね。

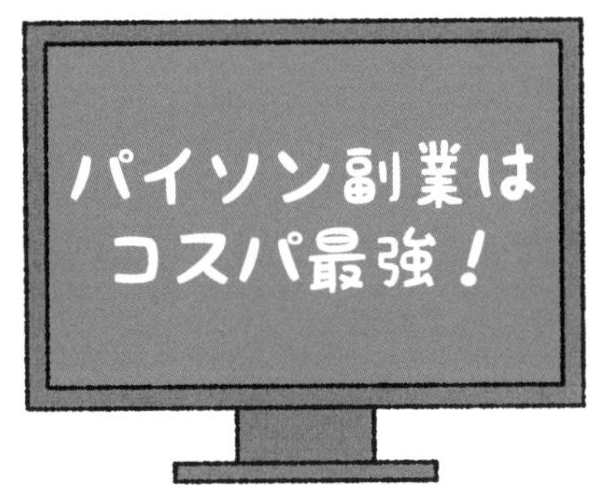

5-7 情報（値）をグループにまとめよう

文字とか数字とか、イロイロあるんですね～。

そうですね。身近なところだと、個人情報も文字や数字が集まってますよね。

たしかに、名前や住所は文字だし、年齢は数字ですね。でも、こういう１人分の情報がバラバラになってると、わかりにくくないですか？

情報はグループにまとめておくと便利

例えば、個人情報は次のようになりますよね。

- 名前：文字
- 住所：文字
- 年齢：数字
- 電話番号：文字

そして、それぞれに「変数」を用意することで、１人分の情報を保持することができます。でも、それぞれバラバラに変数を用意して保持するより、個人情報として変数を用意しグループにしてまとめると便利です。

このような方法を、プログラミングでは「リスト」と呼んでいます。
パイソンでは、次のように書くとリストを作ることができます。

```
リストの名前 = [情報1, 情報2, 情報3, ......]
```

リストの使い方を覚えよう

リストの便利なところは、まとまった中からピンポイントで情報を取り出せることです。
例えば、次のようなリストがあるとします。

```
pinfo = ['日比野新', '京都府', 48, '0774-xx-1234']
```

1人分の個人情報がリストとしてまとまっていますが、ここで次のようにすると、

```
print(pinfo[0]) #pinfoの左から0番目が表示
```

「日比野新」が表示されます。リストは左から「0番目」「1番目」「2番目」……と、順番に右へ番号を増やしながら管理されています。

では、次のこれはどうでしょう。
何が表示されるでしょうか？

```
print(pinfo[2])
```

左から2番目なので、「48」が表示されます。
では、範囲指定した場合を見てみましょう。

```
print(pinfo[1:3])
```

番号を指定する部分に「：（コロン）」が出てきました。コロンを使うと、取り出す範囲を指定できます。この場合なら、左から1番目の値から、3番目の**手前までが表示される**ので、「京都府」と「48」が表示されます。

他にも、こんな使い方ができます。

```
print(pinfo[:3]) #最初から3番目の手前まで
print(pinfo[2:]) #2番目から最後まで
```

関係のある情報が1つにまとまると扱いやすくなりますし、バラバラのときよりも間違って使うことが少なくなります。

リストはウェブスクレイピングで頻繁に登場する技術ですので、どんな風に情報がまとまっているのか、どういう風にすればほしい情報を取り出せるのかを、しっかりと復習し学びを深めていただけるとうれしいです。

5-8 まとめた情報（値）を順番に取り出そう

まとめた情報を、繰り返して順番に取り出す方法を覚えましょう。

面倒そうな予感がします。それって覚えないといけないんですか？ 何度も「面倒そうなことはイヤ」って言ってるじゃないですか〜。

これは、ウェブスクレイピングを行う上で、大変楽に情報を手に入れられる方法なんです。興味ありませんか？

繰り返しを使う理由

繰り返しという動作は、プログラミングと切っても切れない関係にあります。プログラミングでは同じ動作や、ひとまとまりになっている情報を順番に取り出すとき、必ずと言ってもいいくらい繰り返しを使います。

繰り返しには「for」と「while」があります。今回は、後の課題で作る「ウェブスクレイピング」で使う「for」について学びます。

繰り返しを使う方法

```
for 変数 in 繰り返す情報 :
    繰り返す処理
```

先ほどの個人情報のまとまりを使って、どのように使うのか、次のパイソンコードで見ていきましょう。

例）パイソンコードを使った繰り返しプログラム

```
#個人情報を記憶したリスト
pinfo = ['日比野新', '京都府', 48, '0774-xx-1234']

#繰り返すことでリストの内容を順番に表示する
for item in pinfo :
    print(item)
```

このようなコードを書いて動かすと、pinfoの内容が順番に1つずつ表示されます（図5-8-1）。

▼パイソンコードを実行した結果（図5-8-1）

```
日比野新
京都府
48
0774-xx-1234
```

では、コードがどのように動いているのか、詳しく見ていきましょう。

①pinfoの0番目の情報が、変数「item」へ代入されます。
②forの1段内側にあるprint命令によって、変数「item」の内容「日比野新」が表示されます。
③表示すると、pinfoの1番目の情報を変数「item」へ代入します。
④forの1段内側にあるprint命令によって、変数「item」の内容「京都府」が表示されます。
⑤表示すると、pinfoの2番目の情報を変数「item」へ代入します。

⑥forの1段内側にあるprint命令によって、変数「item」の内容「48」が表示されます。
⑦表示すると、pinfoの3番目の情報を変数「item」へ代入します。
⑧forの1段内側にあるprint命令によって、変数「item」の内容「0774-xx-1234」が表示されます。
⑨表示すると、pinfoの4番目の情報を変数「item」へ代入しようとしますが、4番目は存在しないため繰り返し（for）をやめて終わります。

同じ処理を4回行っています。プログラムとしては、同じ処理を4回書いても同じ結果になります。しかし、繰り返しを使う方が、表示する部分を1回しか書かなくて済みます。また、表示内容を改善したいときでも、修正が1箇所で済みます。

このようなメリットが繰り返しにはありますので、プログラミングでは同じようなことは**繰り返しを使って、1度で済ませられるように考えて書く**意識が大切になってくるのです。

5-9 インデント（字下げ）を覚えよう

字下げって、左端に空白があることですよね？

そうです。あの左の空白には、大切な意味があるんです。

見やすいから左を空けてるだけじゃないってことですか？

インデント（字下げ）をする理由

プログラムを書くとき、左端に半角の空白を入力することがあります。これを「インデント」、または「字下げ」と言います。インデントはプログラムの読みやすさを向上させるために使うこともあります。またパイソンでは、インデントを「ブロック」という、**処理のまとまりを明確にする**手段として使うように決められています。

どうしてわざわざインデントを使って、処理のまとまりを教えないといけないのかというと、プログラムは自分で「だいたい、ココからココまで動かせばいいのだろう！」と判断することが苦手だからなんです。

人間だったらこういう判断は経験からできますが、プログラムにとっては大変難しいことなんですね。そこで、人間がプログラムへ「ココからココまでが動かしてもいいまとまりですよ」と丁寧に教えてあげているということなのです。

インデント（字下げ）の使い方

1つ前で学んだ繰り返し「for」のコードを使って説明します。次のようなコードでしたね。

```
#個人情報を記憶したリスト
pinfo = ['日比野新', '京都府', 48, '0774-xx-1234']

#繰り返すことでリストの内容を順番に表示する
for item in pinfo :
    print(item)
```

このコードでインデントを使っているのは、forの内側にある「print」です。これは何を意味しているのかというと、「**forが処理を行うべきまとまり（ブロック）は、インデントされているprintの部分ですよ**」と教えているのです。

インデント（字下げ）の方法

インデントには、「半角空白4つ」をコードの先頭に書くと覚えておきましょう。

今後、インデントは様々なプログラミングで遭遇します。左に空白がある場合は、「インデントが出てきたな」と気づいてもらい、処理を行う範囲（まとまり）として見るようにしてください。

「ただの空白だから無視しよう」というのはNGです。インデントを正しく入力しないと、パイソンでは「エラー」に遭遇することになります。

5-10 情報を判断して流れを変えよう

「情報を判断して流れを変える」って、どういう意味ですか？ちんぷんかんぷんです。

電車の線路をイメージしてください。列車の行き先に合わせてポイントが動くことで、正しい経路を進んでいきますよね。

……それがどうしたっていうんですか？ 意味がさっぱりわかりませんけど。

プログラムに必須な３つのこと

プログラムを書いて自分の思いどおりに動かすためには、3つの動きを組み合わせることが必要です。

⑴ 順番に処理する → 計算や変数への代入です
⑵ 処理を繰り返す → for です
⑶ 条件を判断する → 処理の流れを変えます

図5-10-1 の⑴と⑵に関してはすでに学んでいますが、大切な3つ目はまだ学んでいません。それをこれから学んでいきます。

▼大切な3つの動き（図5-10-1）

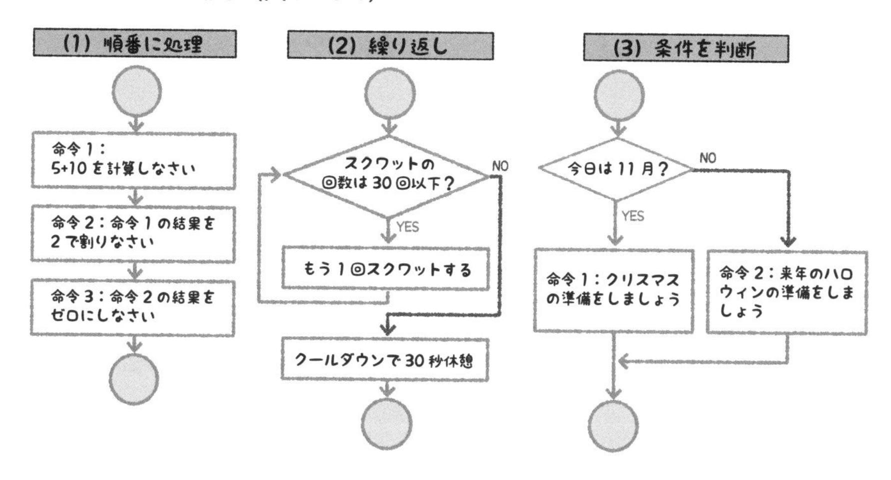

情報を判断して流れを変える理由

順番に処理するだけ、繰り返すだけでは、様々なケースにプログラムが対応できません。例えば、今年が「うるう年」かどうかを判断するためには、次の条件がクリアできるかを考える必要があります。

- **西暦が4で割り切れる**
- **4で割り切れても、100で割り切れる年はNG**
- **100で割り切れても、400で割り切れる年はOK**

3つの条件がすべてクリアされないといけないのです。これを「順番に処理する」「繰り返す」という2つの動きだけで判断し、今年の2月は29日まであるのかどうかを判定することはできません。

そこで情報を判断する仕組みが必要になります。それが、ここで学ぶ「if」というものです。

情報を判断して流れを変える方法

```
if 条件式1 :
    処理1
elif 条件式2 :
    処理2
else:
    処理3
```

「もし（if）」条件式1が正しい場合は処理1を動かします。条件式1が正しくなく、条件式2が正しい場合（elif）は、処理2を動かします。条件式1も条件式2も正しくない場合（else）は、処理3を動かします。

このように、日本語の文章に置き換えて考えるとわかりやすくなります。

なお、それぞれの「処理」の前に**インデントがあることに注意**しましょう。インデントがあるということは、それぞれの条件に対して動かすべき「処理のまとまり」を表しています。

条件式の代表的な書き方

条件式には、次のような代表的な比較の書き方があります。これを比較演算子と呼びます。

条件	比較演算子
AとBが等しい	==（イコールを2つつなげます）
AとBが等しくない	!=
AがBより大きい	>
AがBと同じか大きい	>=

AがBより小さい	<
AがBと同じか小さい	<=
AとBが同一	is（A is Bと書きます）

うるう年を求めてみる

先ほどの「うるう年」の判断について、ifを使って書いてみましょう。条件は、次のようになっていました。

- 西暦が4で割り切れる
- 4で割り切れても、100で割り切れる年はNG
- 100で割り切れても、400で割り切れる年はOK

▼ifを使ったパイソンコード

```
year = 2020 #判断したい西暦を変数へ代入

if (year % 4) == 0 : #4で割り切れるか
    if (year % 100) == 0 : #100で割り切れるか
        if (year % 400) == 0 : #400で割り切れるか
            print('うるう年')
        else :
            print('うるう年じゃない')
    else :
        print('うるう年')
else :
    print('うるう年じゃない')
```

※「%」は余りを求める計算方法です。「year % 4」は、yearを4で割った余りを求めています。

▼うるう年計算のプログラム実行結果（図5-10-2）

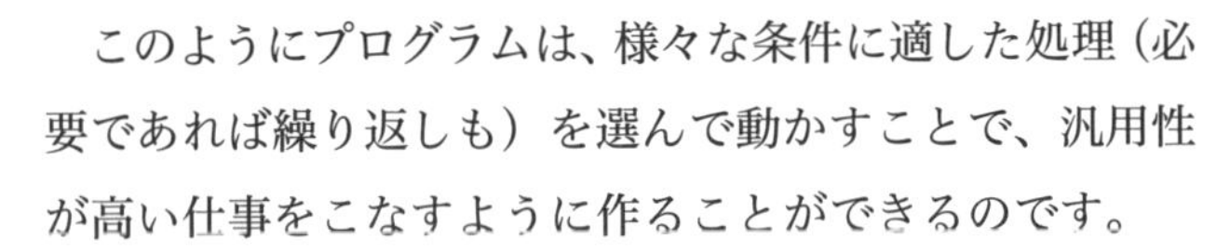

2020年の場合は、4で割り切れますが100では割り切れないので、「うるう年」になります。

このようにプログラムは、様々な条件に適した処理（必要であれば繰り返しも）を選んで動かすことで、汎用性が高い仕事をこなすように作ることができるのです。

5-11 天才が作ってくれた機能を使う方法

プログラムって、全部自分で作らないといけないんじゃないんですか？

そんなことはありません。たしかに全部自分で作ることは、技術を深める意味でも価値のあることですが、現実的にはナンセンスです。

でも……ズルしてることになりませんかね？

すでにあるものを作るより、再利用を考えよう

すでに誰かが作ってくれているものを、もう1度自分がゼロから研究し作ることは、「学習」として考えるなら意味があります。でも、お金を稼ぐ場合であれば、貴重な時間を使ってゼロから作るよりも、すでに存在しているものを再利用した方が効率的ですし、トラブルに遭遇する確率も低下します。

技術や知識、教養を高めるためのプログラムなら「車輪の再発明」、稼ぐためのプログラムなら「**車輪の再発明**」ではなく、「車輪の再利用」を考えることが大切です。

天才が作ってくれている機能 - 組み込み関数

パイソンには、最初から天才が作ってくれている大変便利な機能の集まりが用意されています。これを「組み込み関数」と言います。

組み込み関数には、「引数」と「戻り値」がセットでついてきます。

引数とは、天才が作ってくれた機能（関数）へ、**仕事を依頼するときに渡す情報**です。普段の仕事に置き換えるなら、「指示書」とか「〇〇してください、お願いします」という口頭での指示に相当します。

戻り値とは、天才が作ってくれた機能（関数）が**仕事をした結果（情報）**です。これも、普段の仕事に置き換えるなら「〇〇できました」という口頭の報告や、メールで送信されてくる資料に相当します。

組み込み関数を使う方法

組み込み関数を使う方法は、次の４つのパターンが代表的です。

⑴ 引数と戻り値の両方があるパターン
戻り値 = 組み込み関数(引数)

⑵ 引数だけあるパターン
組み込み関数(引数)

⑶ 戻り値だけあるパターン
戻り値 = 組み込み関数()

⑷ 引数と戻り値の両方がないパターン
組み込み関数()

よく使う組み込み関数を見てみよう

組み込み関数の中でも、スクレイピングでよく使うのが次の関数です。

▼スクレイピングでよく使う関数

組み込み関数	機能の内容
print(引数)	引数の内容を表示する
戻り値 = str(引数)	引数の内容を文字型にして戻す
戻り値 = open(引数)	引数で指定したファイルを開き、開いたファイルの情報を戻す
write(引数)	引数の内容をファイルに書き込む
close(引数)	開いたファイルの情報を引数に指定して閉じる

ここで**暗記する必要はありません**。課題で登場したときに、このページを思い出して見直してください。実際の使い方を見ながらの方が理解しやすいです。

5-12 HTMLから情報を抜き取る方法

いよいよ、抜き出す方法ですね。ここまで長かった。長すぎた。今さらすぎて、やる気が出ませんよ……。

そうですか。それでは挫折しましょう。それもいいと思います。ただ、情報化社会の金脈とも呼ばれているデータ収集の方法を知らないままで良ければ、ですけどね。

えっ？ なんか冷たい……。やりますってば！

スクレイピングを学ぶ前に

パイソンでは、スクレイピングを簡単に行うために、「Beautiful Soup」が用意されています。「Beautiful Soup」とは何者なのかというと、見た目はキレイでカッコよくても中身はグチャグチャになっている**ウェブページ（HTML）を解析し、私たちがパイソンでウェブページの中身を簡単に扱えるように整理してくれる機能**の集まりです。

この機能の集まりがないと、私たちは大変な労力を注ぎ込んでスクレイピングを行うことになります。でも今回は、手を抜きながら最高の結果が手に入るのですから、「Beautiful Soup」を作った方々へ感謝する気持ちを忘れないようにしておきたいですね。

HTMLファイルから情報を手に入れる方法

いきなりインターネット上の情報を抜き取るのは不安があると思います。もしかして失敗したら大変なことになるかもしれない、そんな風に感じている方もいるでしょう。

そこで、最初は自分のパソコンの中にあるHTMLファイルの情報を抜き出すことから始めます。これなら自分のパソコンの中だけで完結しますから、誰かに迷惑をかける心配もありません。また、インターネットに接続できない環境でも体験することができます。

HTMLファイルを使うためにすること

自分のパソコン（これを「ローカル環境」と言います）にあるHTMLファイルを使うためには、まずファイルを開くことから始めないといけません。これは**本棚から読みたい本を取り出し、机の上に置いて表紙を開ける**のと同じです。

```
開いたファイル = open(ファイル名, encoding=文字コード)
```

- ファイル名：開きたいファイルの場所と名前
- 文字コード：今回は「UTF-8」を指定
- 開いたファイル：開いたファイルの情報が入っている

⑴ HTMLの内容を解析する

開いたHTMLファイルの内容を、Beautiful Soupで解析し扱いやすくします。

```
解析結果 = bs4.BeautifulSoup(開いたファイル, 解析器)
```
・開いたファイル：1つ前で開いたHTMLファイルの情報
・解析器：HTMLの解析方法。今回は「html.parser」を使用
・解析結果：BeautifulSoupで解析されたHTMLの結果

(2) 解析が終わればHTMLファイルを閉じる

HTMLファイルの役割は終わったので、早々に閉じます。

```
開いたファイル.close()
```
・開いたファイル：開いていたHTMLファイルの情報

(3) 抜き出したい情報の場所を指定する

解析結果から、情報がある場所（HTMLのタグや属性のclass、id）を指定します。

```
抜き出した情報 = 解析結果.select(抜き出したい場所)
```
・解析結果：BeautifulSoupで解析されたHTMLの結果
・抜き出したい場所：HTMLのタグや属性のclass、id
・抜き出した情報：一致した結果

(4) 抜き出した情報からHTMLタグを見つける

情報を抜き出したいHTMLタグが1つだけの場合は、次のようになります。

```
HTMLタグ情報 = 抜き出した情報.find(HTMLタグ)
```

また、情報を抜き出したいHTMLタグが複数ある場合は、次のようになります。

```
HTMLタグ情報 = 抜き出した情報.findAll(HTMLタグ)
```
・HTMLタグ：情報を取り出したいHTMLタグ（classやidも使えるが、今回はHTMLタグだけを使用）
・HTMLタグ情報：一致したHTMLタグの結果

▼HTMLタグ情報からテキスト（文字）を取り出す

```
文字情報 = HTMLタグ情報.getText()
```

▼HTMLタグ情報から属性の値を取り出す

```
属性値 = HTMLタグ情報.get(属性)
```
・属性：HTMLタグに指定されている属性名

復習するとこんな感じ

ここまで、スクレイピングで使うことが多い命令を紹介しました。復習のために、命令だけを一覧にまとめておきます。

▼組み込み関数

open()	ファイルを開く
close()	ファイルを閉じる

▼Beautiful Soupの機能

bs4.BeautifulSoup()	HTMLの内容を解析する
select()	情報の場所を指定し抜き出す

find()	HTMLタグを見つける（1つだけでOKの場合）
findAll()	HTMLタグを見つける（複数必要な場合）
getText()	HTMLタグから文字を抜き出す
get()	HTMLタグの属性値を抜き出す

これらの命令と、ここまで学んだパイソンを組み合わせることで、ローカル環境に用意したHTMLファイルをスクレイピングすることができます。

それでは次ページからの課題で、手と頭をフル活用して実践で体験してみましょう。本ばかり読んでいても、ネットばかり見ていても、プログラミングは自分の手と頭を使って動かさないと決して身につきません。

「知っている」と「できる」は、全く意味が違うのです。

無料特典「課題4 自分で作ったページから情報を抜き出そう!」について

本書では無料特典PDFとして、「課題4 自分で作ったページから情報を抜き出そう！」という実践ページをご用意しました。このページでは課題3で作ったウェブページを使ってスクレイピングをやってみます。

いきなりインターネットにあるウェブページから情報を抜き出すのは少し不安だな。先に自分のパソコンの中だけで体験しておきたいな。そんな風に考えられた方にぴったりの課題です。

5-4でダウンロードされていない方は、こちらのURLからダウンロードしてください。

https://021pt.kyotohibishin.com/books/wspg/bonus

ダウンロードが完了したら、PDFの以下の内容を見ながら、課題4を進めてみてくださいね。

4：～課題4～自分で作ったページから情報を抜き出そう

なお、もしあなたが「自分で作ったページから情報を抜き出すよりも、インターネットにあるウェブページから情報を抜き出したい。こんな体験で自分の貴重な時間を使うよりも、どんどんと先に進んでいきたい！」と考えておられるのなら、この課題を行う必要はありません。次の章へ進んでいきましょう！

column

パイソンは パソコンじゃなくても学べる！

パイソンを学ぼうとした場合、パソコンがないと動かしながら学習できないと考えてしまう方もいるかと思います。しかし、最近はスマートフォンやタブレットでパイソンを学習することもできるんです。これなら通勤通学の電車やバスの中、外出先での空き時間、ドタキャンされたとき、サッとスマホやタブレットを取り出せば、いつでもどこでも学習をスタートすることができます。

そんな方法を紹介しておきますので、興味のある方は試してみてください。

iPhone/iPadでPythonを学びたい

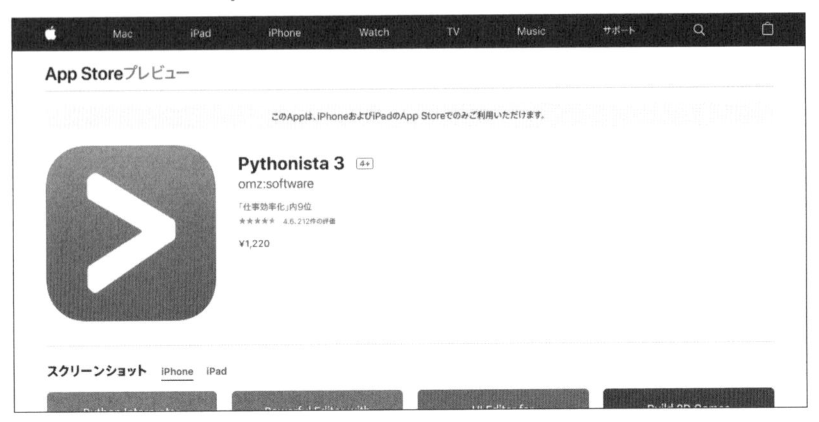

「Pythonista」という有料アプリが、App Storeで公開されています。エンジニアの中でも使っている人が多いので、インターネットで検索すると簡単にインストールの方法や使い方がわかります。

「iPhone Python」や「pythonista」で検索してみてください。

AndroidでPythonを学びたい

「Pydroid」というアプリが、Google Playで公開されています。こちらもエンジニアの方で使っている人が多いため、インターネットで検索する簡単に使い方がわかります。

「android Python」や「pyroid」で検索してみてください。

どちらも、気軽に学習を継続するツールとして使えます。ちょっとした空き時間も積み重ねると大きくなります。難しいことをしようというのではなく、パイソンの基礎をじっくり学ぶために、こういったツールを使ってみるのもスキルアップに役立つでしょう。

少しでも継続できる環境を、自分で作って用意しましょう！

第6章

インターネットにある ページから 情報を手に入れてみよう！

6-1 ウェブページの情報を手に入れよう

前の章では、パイソンで書いたスクレイピングプログラムを使って、自分で作ったウェブページ（HTMLファイル）の情報を手に入れました。でも、このままでは他の人が作ってインターネット上に公開しているウェブページから情報を手に入れることができません。

それは困りますよ……。

だからここでは、インターネット上に公開されているウェブページの情報を手に入れるための方法を学んでいただきます！

学習用ページを見てみよう

とはいえ、いきなり知らない人のページから情報を手に入れるのって不安ですよね。そこで、本書の特設ページに、何度でも気兼ねなく試すことができる学習用ページを用意しました（図6-1-1）。

▼学習用ページ（図6-1-1）

https://021pt.kyotohibishin.com/books/wspg/snap/

どうやって学習用ページが表示されたのか

　インターネットにあるウェブページから情報を手に入れるために、知っておきたい仕組みがあります。それは、あなたがブラウザを使って学習用ページを表示したときの仕組みです（図6-1-2）。

▼ウェブページが表示される仕組み（図6-1-2）

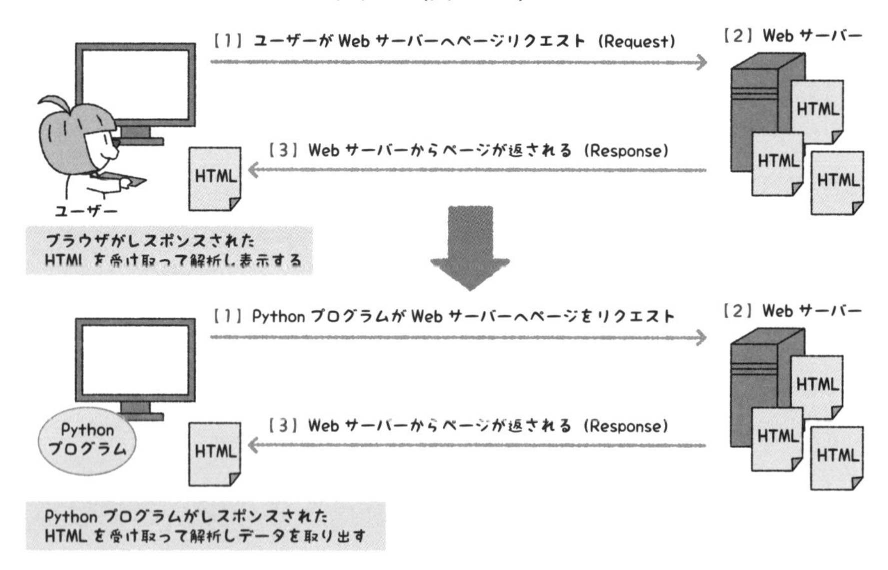

具体的には、次のような流れのやり取りが見えないところで行われているのです。

⑴ あなたのパソコンから表示したいページのURL（ウェブページの住所）をブラウザから入力します。

⑵ ブラウザを通してインターネットにある大きなコンピュータ（サーバー）でURLの場所を探します。

⑶ 場所が特定できれば、そこへ欲しいページの情報を問い合わせします（これを「Request」と言います）。

⑷ 欲しいページの情報があなたのパソコンで動いているブラウザへ返ってきます（これを「Response」と言います）。

⑸ ブラウザは受け取った情報を解析し、人間がわかるように表示します。
⑹ これで1回の通信（やり取り）が完了します。

見えないやり取りをパイソンで行う方法

ここで登場するのが、5-4で追加した機能「Requests」です。この機能の集まりによって、簡単に「見えないやりとり」を行うことができます。

・Requestsを使う宣言

用意された機能の集まりを使う宣言が必要です。

```
import requests
```

・ウェブページから欲しい情報を使うためにすること

インターネットにあるHTMLで作られたウェブページの情報を手に入れるためには、まずURLを使って場所を特定し、欲しいページの情報を返してもらうことから始めないといけません。

欲しいページの情報＝requests.get（ウェブページのURL）
ウェブページのURL：手に入れたいページのURL
欲しいページの情報：手に入れたページの情報

・手に入れたページが日本語の場合は文字化け対策をする

英語だけのページだったら文字化けは起きないのですが、日本語のように漢字やひらがなが混ざっていると、文字化けしてしまうことがあります。そこで、日本語文字化け対応を行っておきます。

```
欲しいページの情報.encoding = response.apparent_encoding
```

これは「おまじない」のように覚えておきましょう。

・手に入れたページからHTML部分だけを抜き出す

今回のウェブスクレイピングでは、HTML部分の情報を手に入れたいので、必要な部分だけを抜き出します。

```
抜き出したHTML = 欲しいページの情報.text
抜き出したHTML：HTML部分だけが保持される
```

なお、返ってきている情報にはHTML以外に、サーバーとやりとりした結果の情報（レスポンスヘッダー）が含まれています。こういった情報は今回の学習では使いませんので、HTML部分だけを抜き出すようにしています。

HTML部分が抜き出せれば半分終わったも同然

インターネットにあるページからHTML部分を抜き出すことに成功すれば、後は1つ前の章で学んだ「Beautiful Soup」を使ってHTMLの内容を解析し、欲しい部分の情報を抜き出せばOKです。簡単ですよね？

でも、こんな疑問が出てきているかもしれません。

「他人が作ったページから、どうやって欲しい部分を見つければいいんだろう？」

実は これが、**ウェブスクレイピングのキモ**となる部分です。

ですので、次からは「他人が作ったページを覗く方法」について紹介していきます。

6-2 ページから情報の中身を覗く方法

他人が作ったページだと、どんな中身になっているのかさっぱりわかりませんよね。

そうなんです。でもウェブスクレイピングを行うためには、他人が作ったページから情報を抜き出さないといけませんから、どんな中身になっているのか、どの部分に情報があるのかを見つけなくてはいけません。

情報を見つけるための予備知識〜DOM〜

「DOM（ドム）」という考え方があります。DOMとは、「Document Object Model」の頭文字を取ったIT用語です。

DOMは、ウェブページを作っている基礎技術である「HTML」の各要素（タグや属性で指定するclassやid）を構造的に表現することで、プログラム言語からアクセスする仕組みです。

と、言葉で伝えると大変難しい印象になりますので、図を見てみましょう（図6-2-1）。

▼HTML文書とDOMツリー（図6-2-1）

HTML文書

```
<!DOCTYPE html>
<html lang="ja">
<head>
  <meta charset="UTF-8">
  <title>Hibino スナップ写真集</title>
</head>
<body>
  <header>
    <h1 id="top">Hibino スナップ写真集</h1>
  </header>
  <main>
    <div id="snap-list">
    <ol>
      <li>真黒な室外機の群れ。<img src="images/001.jpg"></li>
      <li>ふっくらしたスズメ。<img src="images/002.jpg"></li>
      <li>京都堀川通りの紅葉。<img src="images/003.jpg"></li>
    </ol>
    </div>
  </main>

  <footer>
    &copy;2020 Hibino Photo Studio.
  </footer>
</body>
</html>
```

DOMツリー（階層構造）

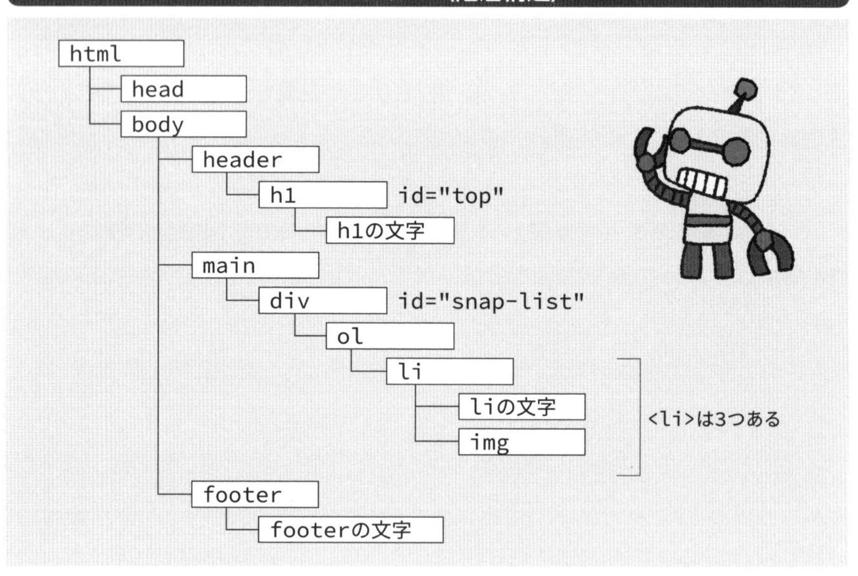

これまでは文字の羅列だと思っていた上側のHTML文書ですが、DOMというプログラム言語で扱いやすい考え方に変化すると、下側のような階層構造で表現できます。

例えば、「h1」で指定されている「Hibinoスナップ写真集」という文字を手に入れたいとき、次のような考え方ができます。

- **h1タグで取得する**
- **id名「top」で取得する**

もう1つ、「li」の2つ目で指定されている「ふっくらしたスズメ」という文字を手に入れたいとき、次のような考え方ができます。

- **mainタグの中にあるliの2番目で取得する**
- **id名「snap-list」の中にあるliの2番目で取得する**
- **body > main > div > ol > liの2番目で取得する**
- **body > main > snap-list > ol > liの2番目で取得する**

どの方法でも正解なのがポイントです。自分が欲しい情報を**DOMで表現した階層構造から考え、情報の位置を見つけだせれば良い**のです。

では、「footer」で指定されている文字を手に入れたいときは、どのような考え方ができるでしょうか。

- **footerで取得する**
- **body > footerで取得する**

ウェブスクレイピングでは、HTML文書のままだと自分の欲しい情報がどの位置にあるのかわかりづらいため、いったん「DOM」を使い、階層構造にしてから要素同士の親子関係で考えるようにします。

それでは次に、他人が作ったウェブページの内容をツールで表示し、DOMの階層構造から手に入れたい情報を見つける手順を紹介します。

手に入れたい情報を見つける方法

ウェブスクレイピングを行うということは、対象のウェブページをブラウザで表示することができるということです。そして、ウェブページを表示するブラウザはかなり高機能な開発ツールに成長していますから、ブラウザから手に入れたい情報を見つけることができます。今回使っているブラウザ「Google Chrome」にも、高機能な開発者向けツールが付属しているので使い方を見ていきましょう。

▼学習用ページ（図6-2-2）

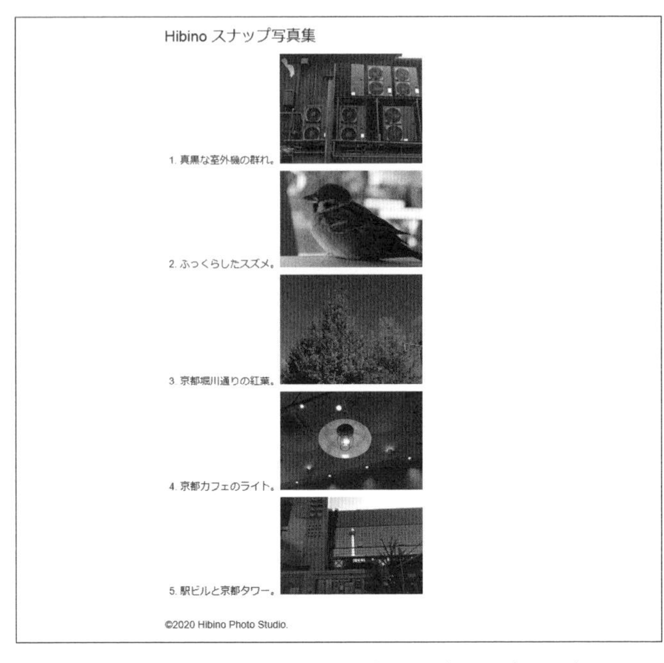

https://021pt.kyotohibishin.com/books/wspg/snap/

今回は、学習用ページのタイトルになっている「Hibinoスナップ写真集」の部分を見つける方法について進めていきます。

「検証」機能を使うと簡単に発見できる

「Google Chrome」には、検証という開発者向けの機能が最初から準備されています。本書では、ウェブスクレイピングに必要な基本部分の使い方を紹介していきます。

この機能は大変優秀で、全てを本書で紹介することはできません。より詳しく知りたい方は、Googleから検索してみてください。

「検証」機能の使い方

それでは、学習用ページのタイトルになっている「Hibinoスナップ写真集」と表示しているHTMLコードを見つけます。

>>>STEP1

ブラウザに表示されているテキスト「Hibinoスナップ写真集」の部分にマウスの矢印を乗せて、右クリックします。そうするとメニューが表示されるので、「検証」を選びます。

▶検証を選んだところ（図6-2-3）

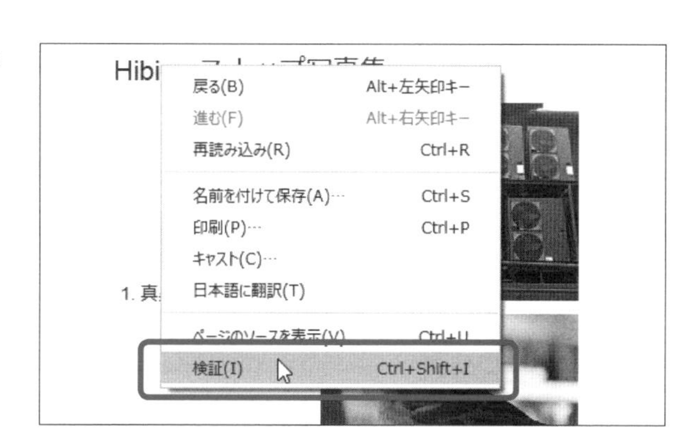

>>>STEP2

開発者向けの画面に切り替わりました（図6-2-4）。

▼開発者向け画面（図6-2-4）

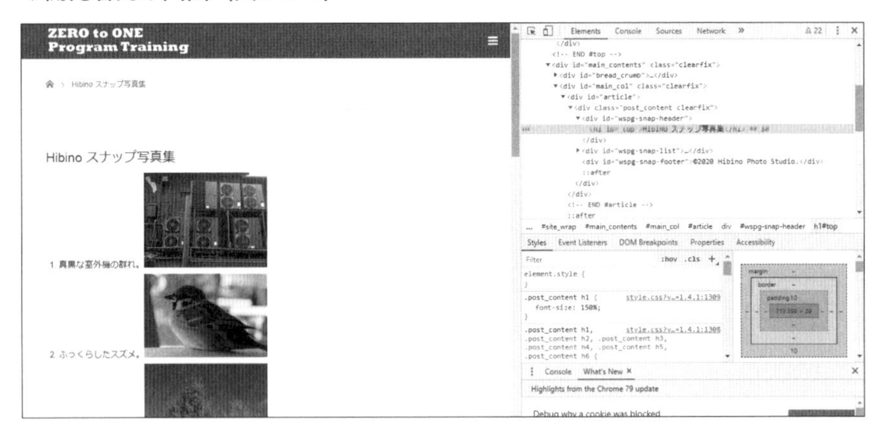

左側にはこれまでと同じようにウェブページが表示されています。右側に開発者向けの画面が表示されています。このように並んでいない場合は、右側の上にある縦に「・」が3つ並んだ部分をクリックし、開いたメニューの「Dock side」にある右端のアイコンをクリックしましょう（図6-2-5）。

▼Dock sideの右端を選んだところ（図6-2-5）

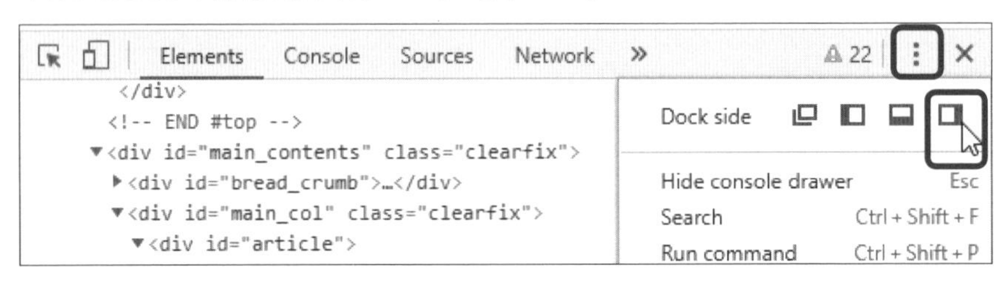

続いて、ウェブスクレイピングで使うことが多い画面を表示しているか確認しておきます。右側の開発者向け画面の上にあるメニューで、「Elements」が選択されているか確認しましょう（図6-2-6）。

▼Elementsを選択したところ（図6-2-6）

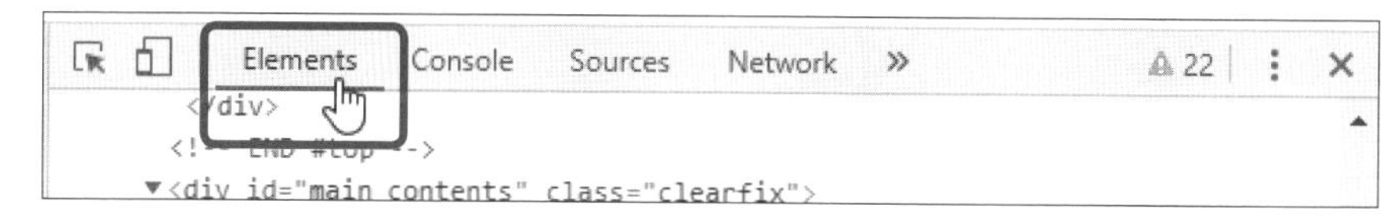

選択されていない場合は、「Elements」をクリックします。

もう1つ、確認しておきたい部分があります。それは左側の表示モードが、パソコン用になっているかどうかです。

▼表示モードがパソコン用になっている様子（図6-2-7）

図6-2-7のようになっていればOKです。
でも、図6-2-8のようになっている場合もあります。

▼表示モードがスマホ用になっている様子（図6-2-8）

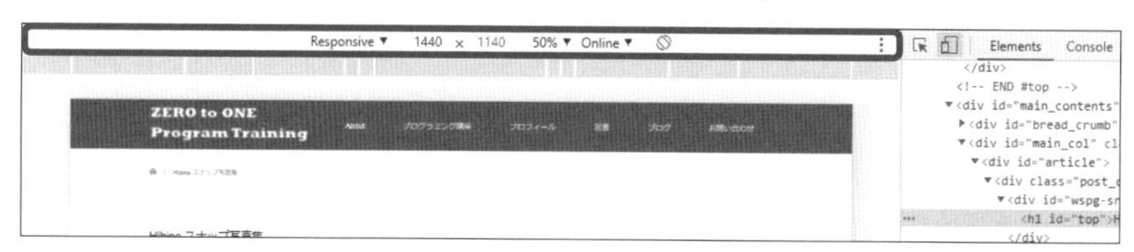

左側の上に何やら見慣れない表示が出ています。これはスマートフォン用になっている状態です。こんな風になっている場合は、右側の開発者向け画面の上にある「Elements」の、左横のアイコンを一度クリックします（図6-2-9）。

▶左横のアイコンを選んでいるところ（図6-2-9）

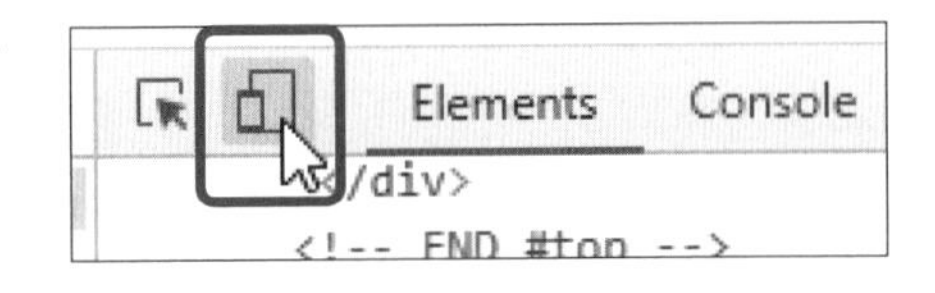

そうすると、図6-2-8のように、パソコン用に表示モードが変わります。

>>>STEP3

DOMツリーを確認します。右側の開発者向け画面を見ると、DOMツリーが表示されています（図6-2-10）。

▼DOMツリーの画面と内容（図6-2-10）

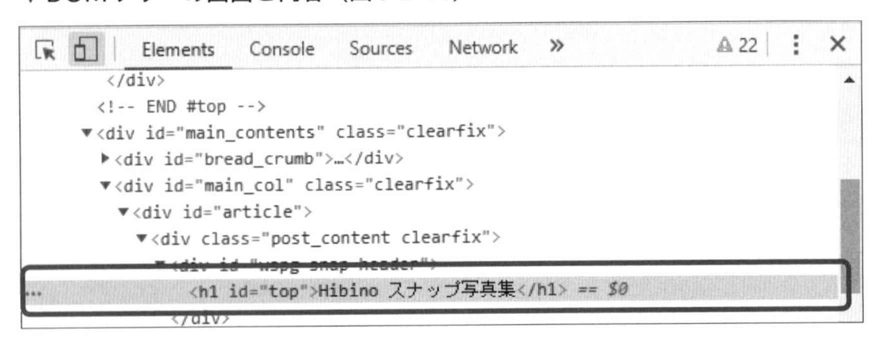

そして、「検証」を選んだときに指定したテキスト「Hibinoスナップ写真集」の、HTMLコード部分が選択され色が変わっています。

たったこれだけの操作で、他人が作ったウェブページから自分が知りたい情報を示すHTMLコード部分を見つけることができました。

>>>STEP4

DOMツリーから抜き出したい場所を手に入れます。

ウェブスクレイピングをプログラムから行うためには、情報を抜き出したい場所を指定しなくてはいけません。これも、開発者向け画面を使うと簡単に手に入ります。選択されているHTMLコード部分に、マウスの矢印を乗せます。そうすると、右側の画面も連動して表示されます（図6-2-11）。

▼DOMツリーとウェブページが連動している（図6-2-11）

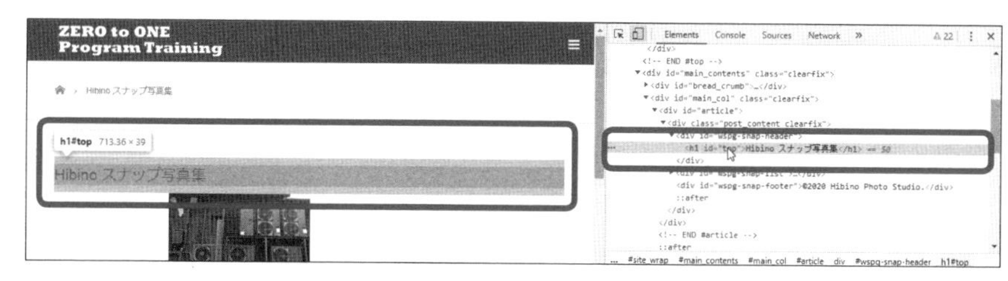

マウスの矢印をHTMLコード部分に乗せたまま右クリックをすると、メニューが表示されます。メニューから「Copy」を選びます。そうするとサブメニューが表示されるので、「Copy Selector」をクリックします（図6-2-12）。

▼セレクターを選んでいるところ（図6-2-12）

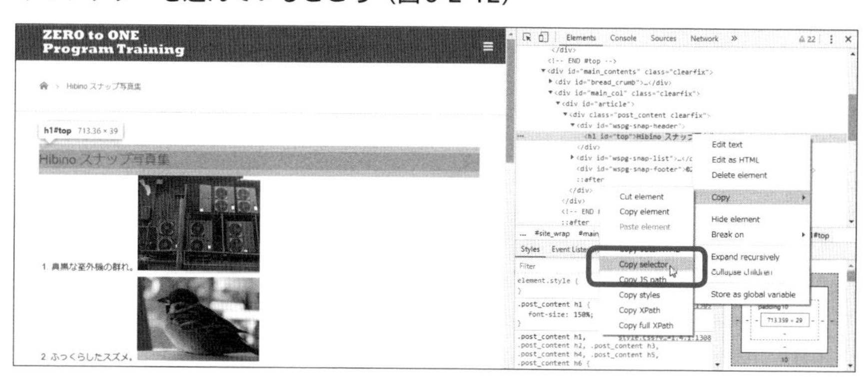

>>>STEP5

手に入れた情報を確認しましょう。テキストエディターを起動します。起動できたら、メニューの編集から「貼り付け」を選びます（図6-2-13）。

▶テキストエディターへ貼り付け（図6-2-13）

※画面はWindowsのメモ帳です。

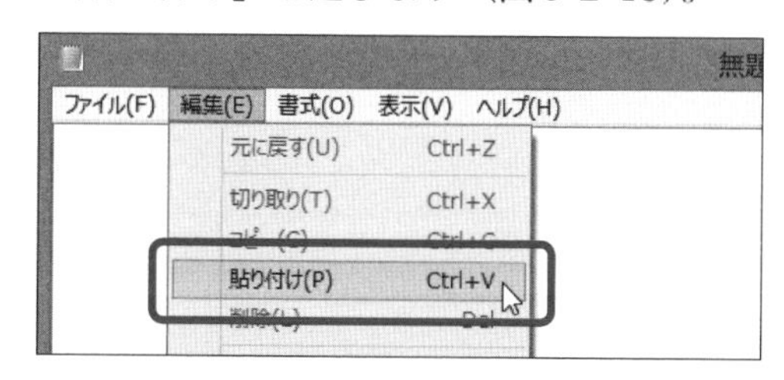

貼り付けすると、こんな内容になったはずです（図6-2-14）。

▼テキストエディターへ貼り付けたところ（図6-2-14）

無題 - メモ帳

ファイル(F)　編集(E)　書式(O)　表示(V)　ヘルプ(H)

#top

「#top」が、「Hibinoスナップ写真集」というテキスト情報を抜き出すときに使う場所ということです。

確認できましたら、内容は保存せずにテキストエディターを終了しておきます。

>>>STEP6

開発者向け画面を終了します。開発者向け画面の右端上にある「×」をクリックします（図6-2-15）。間違えて、ブラウザの「×」を押してしまわないように気をつけましょう。

▼開発者向け画面の終了（図6-2-15）

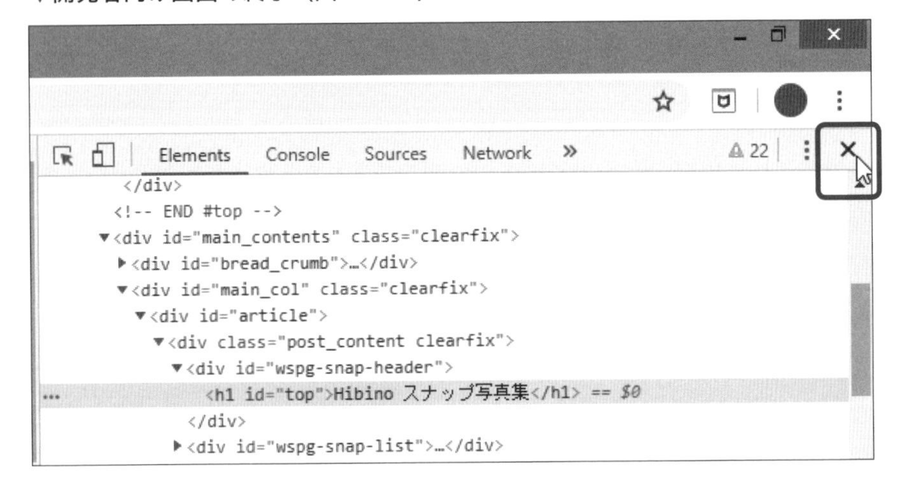

開発者向け画面に慣れよう

それではもう一度、検証機能を使って開発者画面に慣れておきましょう。

▼学習用ページを表示する

https://021pt.kyotohibishin.com/books/wspg/snap/

「ふっくらしたスズメ。」の画像の、HTMLコードを見つけてください。

>>>STEP1

画像の部分にマウスの矢印を乗せます。

>>>STEP2

右クリックして「検証」を選びます。

>>>STEP3

開発者向け画面が表示されます。

>>>STEP4

選択していた画像のHTMLコード部分が選択されます。

>>>STEP5

選択されているHTMLコードにマウスの矢印を乗せます。右側の画像が選択されます。

>>>STEP6

「ふっくらしたスズメ。」の、1つ下の`<li>`の階層を展開してみましょう（図6-2-16）。

▼DOMツリーから<li>の階層を展開（図6-2-16）

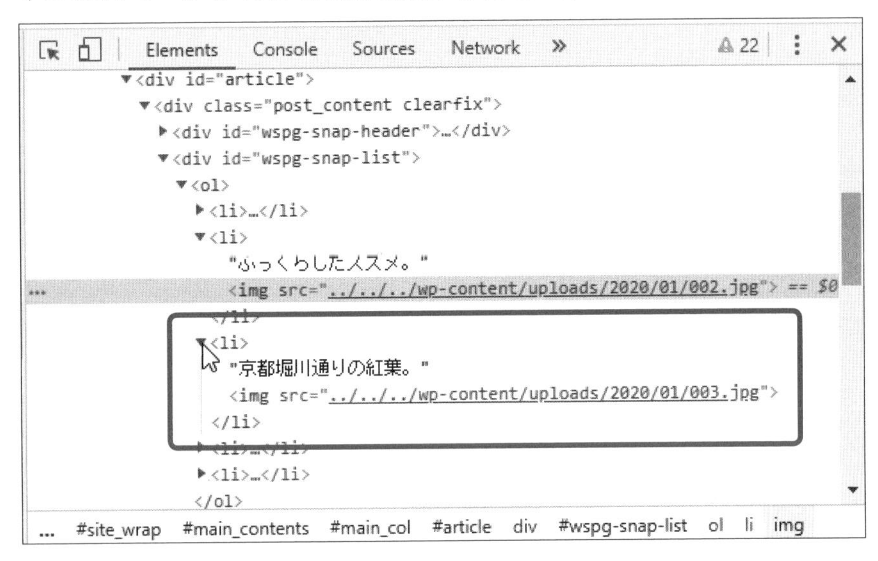

>>>STEP7

右側の開発者向け画面に表示されている、DOMツリーへマウスの矢印をあちこち乗せてみましょう。連動して、左側の選択される場所が変わります。実際に、自分でさわってみてください（図6-2-17）。

▼DOMツリーでマウスを動かす（図6-2-17）

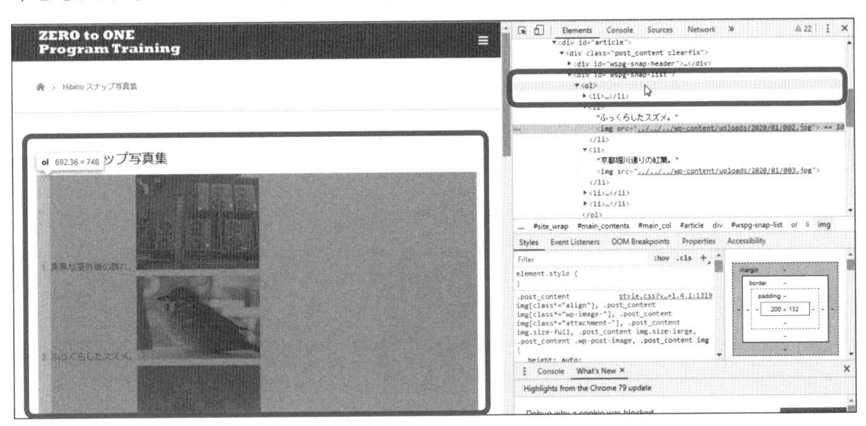

>>>STEP8

「ふっくらしたスズメ。」の画像情報が入っている場所を手に入れます。DOMツリーから画像が選ばれるHTMLコード部分を右クリックし、「Copy」→「Copy Selector」を選べば良かったことを思い出してください（図6-2-18）。

▼セレクターの選択（図6-2-18）

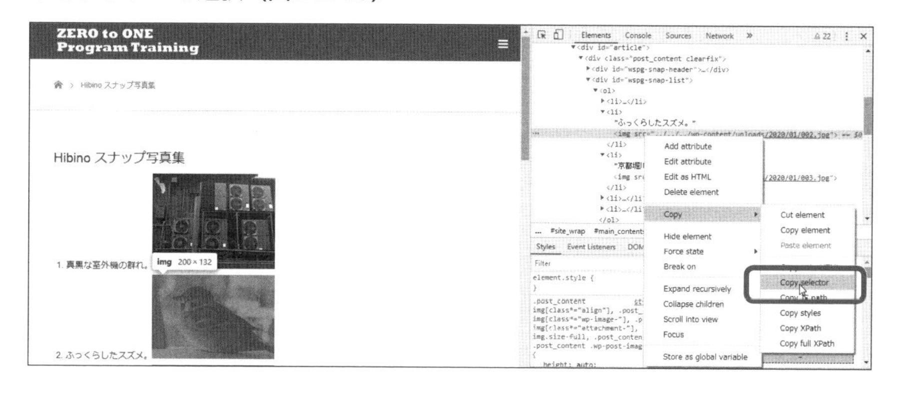

>>>STEP9

テキストエディターを起動して、手に入れた情報を貼り付けましょう。次のような内容が貼り付けられます。

```
#wspg-snap-list > ol > li:nth-child(2) > img
```

>>>STEP10

開発者向け画面を終了します。同時に、今は使わないので内容を保存しないまま、テキストエディターも終了しておきます。

6-3 ページから画像を手に入れてみよう

画像を手に入れるのって楽しそうですね。こういうの待ってました！

HTMLとDOM、パイソンを1つずつ落ち着いて学んでいくと簡単にできますよ。

そんな難しそうな話はいいですから、早くやりましょう！

要注意事項あり!

次は、ウェブスクレイピングで行う可能性の高い「画像を手に入れる方法」を紹介しましょう。ただし、画像を手に入れるときは気をつけることがあります。後から詳しくお伝えしますが、1つだけ先にお話すると、**画像を手に入れる場合は「著作権」に注意する必要がある**のです。

ということなので、自分の好きなところから画像を手に入れるプログラムを作って動かしてはいけませんので、今回も6-1で紹介した学習用ページを使って説明します。

ウェブページから画像を手に入れる準備

・<img>のsrc属性から場所とファイル名を手に入れる

ウェブページに表示されている画像を手に入れるためには、先ほど学んだ「検証」を使いHTMLの<img>タグを特定し、属性「src」の内容から画像が置かれている場所と画像のファイル名を返してもらう必要があります。

欲しい画像の情報 = <img>の情報.get('src')

<img>の情報：HTMLの解析結果から得た<img>の情報
欲しい画像の情報：手に入れたい<img>のsrc属性値

・画像の場所を特定する ～urljoin～

画像の場所（パスと言います）と画像のファイル名が手に入ったらOK！ではありません。ここで少し工夫しておく必要があります。まず画像の場所を特定しなくてはいけません。

例えば、今回用意した学習用ページの1番上にある<img>のsrc属性を見てみると、次のようになっています。

```
<img src="../../../wp-content/uploads/2020/01/001.jpg">
```

画像の場所が「../../../」となっていて、実際どこなのかわかりづらいです。これは、2章で登場した「相対パス（または、相対URL）」と呼ばれる形式で表現しているからです。このままでは画像をダウンロードするときに、場所が不確かになってしまうかもしれませんので、少し工夫して「絶対パス（または、絶対URL）」の形式に変換します。

画像の絶対URL = urljoin(基準となるURL, 画像の相対URL)

基準となるURL：画像が置かれているサイトのURL
画像の相対URL：欲しい画像の情報（<img>のsrc属性値）
画像の絶対URL：画像までの完全なURL

例えば、今回の場合だと次のようになります。

基準となるURL：
https://021pt.kyotohibishin.com/

画像の相対URL：
../../../wp-content/uploads/2020/01/001.jpg

画像の絶対URL：urljoinを実行した結果
https://021pt.kyotohibishin.com/wp-content/uploads/2020/01/001.jpg

「../../../」が無くなって、誰が見てもわかる形式のURLになりました。

また、**urljoin**を使う場合には宣言を忘れてはいけません。

```
from urllib.parse import urljoin
```

・画像のファイル名を手に入れる 〜rsplit〜

続いて、画像ファイル名を手に入れます。これは画像を自分のパソコンへダウンロードするときに使いたいからです。

欲しい画像の情報（**<img>**の**src**属性値）には、相対URLの後ろに画像のファイル名がくっついています。ここから画像ファイル名だけを切り出したいのです。

そこで、**rsplit**という組み込み関数を使うと簡単に切り出せます。使い方は以下のとおりです。

```
画像ファイル名 = 欲しい画像の情報.rsplit('/', 1)[1]
```

欲しい画像の情報：<img>のsrc属性値
画像ファイル名：相対URLから切り出した画像ファイル名

`rsplit`は、文字列の右（right）から指定された文字（/）を見つけて、指定された個数分(1)に分割（split）します。分割した結果はリストになり、1番目（`[1]`）を取り出すとファイル名になっているという仕掛けです。

今回の場合を見てみると、以下のようになります。

欲しい画像の情報。
"../../../wp-content/uploads/2020/01/001.jpg"
↓
`rsplit('/', 1)`を動かすと、2つのリストに分割される。
"../../../wp-content/uploads/2020/01/"
"001.jpg"
↓
`[1]`でリストの1番目を取り出す。
"001.jpg"
↓
画像のファイル名だけが取り出せた！

ちなみに`[0]`とするとリストの0番目なので、
"../../../wp-content/uploads/2020/01/"
が取り出せる。

`rsplit`は初めて出てきた機能ですが、リストはパイソンの学習で登場していました。「えっ？」と感じた方は復習しておきましょう。

ウェブページから画像を手に入れる方法

画像を手に入れる準備ができましたので、次は画像をダウンロードする方法について見ていきます。

・画像をダウンロードする 〜urlretrieve〜

画像をダウンロードするには、いくつかの方法があります。今回は、簡単にできる組み込み関数を使った方法を選びました。

urllib.request.urlretrieve(画像の絶対URL, ダウンロード画像情報)

画像の絶対URL：画像が置かれている場所とファイル名情報

ダウンロード画像情報：パソコンへ画像をダウンロードするときの場所（フォルダ）と、保存するときに使う画像ファイル名

手に入れたい画像の情報と、保存する画像の情報を指定するだけで簡単にダウンロードが完了します。

なおここでも、urlretrieveを使う場合には宣言を忘れないようにしましょう。

```
import urllib.request
```

6-4 ページから手に入れた情報を保存しよう

ちょっと、むずかしい！ よくわかんない！ いろいろありすぎ！

そうですね、いろいろ出てきましたね。こういうの暗記しようとしてはいけませんよ。プログラミングは手を動かして進むことで、後から理解できることも多いですからね。

本当ですかその話？

保存する形式

画像を保存したように、文字情報（テキスト情報）もウェブスクレイピングでは保存しておきたいことがあります。

情報を保存する形式は、いろいろとあります。

⑴ データベース

馴染みのあるものなら、マイクロソフトの「アクセス」や、オラクルの「オラクルデータベース」、ワードプレスで使われている「マイ・エスキューエル」などなど。高度な情報管理や大規模情報を記録するシーンで使われる形式です。

(2) **CSV（Comma Separated Values）**

CSVという形式もあります。この形式は、1つの情報を1行で表し、1行の各項目を「,（カンマ）」で区切ったテキスト情報として記録します。マイクロソフトのエクセルでもサポートされている形式なので、ビジネスシーンでも使われています。

(3) **TSV（Tab Separated Values）**

TSVとは、CSVが1行の各項目を「,（カンマ）」で区切っているところをタブ文字で区切るようにした形式です。

他にも、「エクセル形式」「JSON形式」「XML形式」などが存在しています。

今回は、お金がかからず簡単にできる形式を学びたいので、「CSV形式」について学習していきます。

ウェブページの情報をCSVへ保存する

・組み込み関数を使う宣言

CSV形式で保存するためには、組み込み関数で用意されている機能を使う宣言が必要です。

```
import csv
```

・CSV形式で保存するファイルを準備

5章でHTMLファイルを使うとき、「**open**」という関数で開いたことを思い出してください。今回も同じように、これからCSV形式のファイルを作って使うので「open」が必要です。

同時に、CSVファイルを「どこに」「なんて名前で」作るのかも、プログラムに教えなくてはなりません。


```
開いたファイル = open(ファイル名, 'w', newline='',
encoding='cp932')
```

ファイル名：CSV形式で保存したいファイルの場所と名前

開いたファイル：保存するために開いたファイル情報

「w」と「newline=''」はお決まりの付属情報なので、「おまじない」のつもりで覚えておきましょう。

「encoding='cp932'」は、保存したCSV形式のファイルをエクセルで使う場合に指定します。

エクセルを使わない場合は「encoding='utf-8'」にしてもOKです。今回は、エクセルを使った方が出来上がった内容を確認しやすいので、「encoding='cp932'」を指定しています。

・CSV形式で書き込む装置を生成

CSV形式で保存するファイルが準備できたら、次は情報を書き込むために使う装置を生み出します

```
書き込み装置 = csv.writer(開いたファイル)
```

・CSV形式で情報を書き込む方法

```
書き込み装置.writerow(保存したい情報のリスト)
```

保存したい情報のリストには、1行分の情報をリスト形式で並べます。

・書き込みが終わったらCSVファイルを閉じる

書き込みが終わったら、早々に閉じます。

```
開いたファイル.close()
開いたファイル：開いていたCSV形式のファイル情報
```

無料特典「課題5　本書特設ページから情報を入手してみよう!」について

さて、本書では無料特典PDFとして、「課題5　本書特設ページから情報を入手してみよう！」という実践ページをご用意しました。

いきなりインターネットにある誰かが作ったウェブページから情報を抜き出すのは少し不安だな、先に自分の知っている場所で体験しておきたいな、そんな風に考えておられる方にぴったりな課題です。

5-4でダウンロードされていない方は、こちらのURLからダウンロードしてください。

https://021pt.kyotohibishin.com/books/wspg/bonus

ダウンロードが完了したら、PDFの以下の内容を見ながら、課題5を進めてみてくださいね。

5：～課題5～本書特設ページから情報を入手してみよう！

6-5 ウェブスクレイピングを行う際の注意点

注意点ですか？そんなの知らなくても問題ないでしょう？面倒だし……。

ちょっと待ってください。ここでお話しする注意点を知らないでウェブスクレイピングをすると、犯罪になるかもしれません。

えっ？それってマズくないですか？

著作権について

どのように収集した情報を使うのかによって、認められることとそうでないことがあります。また、目的によっても違ってきます。

2009年の著作権法改正によって、情報解析を目的とした複製は著作権者の承諾なく行えるようになっています。また、私的使用の範囲内なら、自由に行うことが認められています。ただし、次の注意事項を忘れてはいけません。

⑴ 会員のみが閲覧可能なサイトは承諾が必要
⑵ robots.txtなどで拒否されているページはNG
⑶ スクレイピングの拒否がわかった場合は、保存した情報を消去する

インターネットは大量の情報が手に入る場所ですが、好きなように収集して良いわけではありません。**法律とマナーを守りましょう。不安な場合は、法律の専門家へ相談する**のが一番です。

利用規約や個人情報について

ほとんどのウェブサイトには、利用規約や個人情報に関する取り扱いが明記されています。必ず内容をよく読んで、情報収集が禁止されていないかを確認しておきましょう。

ウェブサイトへの負荷

スクレイピングのために、短時間に何度もウェブサイトへ接続を繰り返すと、ウェブサイトを管理しているサーバーの処理能力が低下し、他の人がウェブサイトを見られなくなる可能性があります。こうなると業務妨害となる可能性もゼロではありません。必ず、スクレイピングを行う相手のサーバーへ負荷をかけないように気をつけましょう。

一般的には、1回の接続から次の接続の間は「1秒以上」あけるのが良いと言われています。そのため本書では余裕をみて、「2秒」あけるようにコードを書いています。

robots.txtからの指示

ウェブサイトの管理者は「robots.txt」というファイルに、情報収集をしても良い相手やダメな場所などについて、次のように指定しています。

▼robots.txtの代表的な内容

ディレクティブ	内容
User-agent	接続しても良い相手
Disallow	情報収集するのを禁止する場所
Allow	情報収集するのを許可する場所
Sitemap	XMLサイトマップが置かれている場所
Crawl-delay	接続と接続の間隔

▼すべてのページの情報収集を禁止している例

```
User-agent: *
Disallow: /
```

▼すべてのページの情報収集を許可している例

```
User-agent: *
Disallow:
```

▼特定のページの情報収集を禁止している例

```
User-agent: *
Disallow: /privacy/
Disallow: /reviews/*
```

相手が「禁止」しているページの情報収集はNGであり、robots.txtの内容に従うのがマナーです。

では、「robots.txt」はどこにあるのかというと、ウェブサイトの直下に置かれています。

例えば、私のサイトなら次のようなURLになります。

```
https://021pt.kyotohibishin.com/robots.txt
```

あるいは、Yahoo!やメルカリなら以下のようなURLになります。

```
https://yahoo.co.jp/robots.txt
https://www.mercari.com/robots.txt
```

ブラウザの上部にあるアドレスバーへ、それぞれのサイトのURLを入力し、robots.txtの内容を確認してみましょう。

metaタグでのrobots指定

他にも、HTMLの`<meta>`で許可や禁止を指定する方法があります。

▼metaタグで禁止している例

```
<meta name="robots" contents="noindex">
```

contents	内容
noindex	このページ内のリンクをたどるのは禁止
noarchive	このページを保存するのは禁止
noindex	このページを検索エンジンへ登録するのは禁止

まとめ

　著作権や負荷に関しては、ウェブスクレイピングを行う上で常に意識しておくべきことです。また**相手へ迷惑をかけてはいけませんし、相手が決めているルールを守る**ことも必要です。

　そしてウェブスクレイピングに関係する法的状況は、今も変化し続けています。**著作権法を含め、法的状況を常にチェック**しておくことが大切です。

課題6 フリマサイトから最安値を入手してみよう！

フリマサイト「メルカリ」と「ラクマ」から、同一商品の最安値をそれぞれ入手します。これまで学んできたことを**総合的に活用する課題**です。また、実際に仕事を依頼された気持ちで取り組んでもらえると学びも深まっていくはずです。

課題の内容（あなたへの依頼）

最安値を知りたいサイト：メルカリとラクマ
最安値を知りたい商品：ルンバ980（お掃除ロボットです）
最安値を検索する条件：1万円以上の新品・未使用品で販売中のもの

2つのサイトの最安値を、1つのスクレイピングプログラムで入手してください。また今回の課題は実践的に進めていただきたいので、これまで学んだ内容に関しては細かく詳しくは紹介していきません。前のページを行ったり来たりしながら進めてみてください。

STEP1 テキストエディターを起動して新規作成する

STEP2 プログラミングの準備をする

(1) ウェブスクレイピングのスタート部分を入力します。

▼入力するパイソンコード

```
from time import sleep
import bs4
import requests
```

入力したコードの意味を思い出してください。入力できたら保存します。保存先は以下のとおりです。

ファイル名：kakaku_scraping.py
保存場所：ドキュメント（macは書類）/progws/workspace/
保存形式：UTF-8

⑵ メルカリのサイトを表示します。

GoogleやYahoo!で検索して表示しましょう。

⑶ 今回あなたへ依頼した内容で、商品を検索します。

▼メルカリ（図：課題6-1）

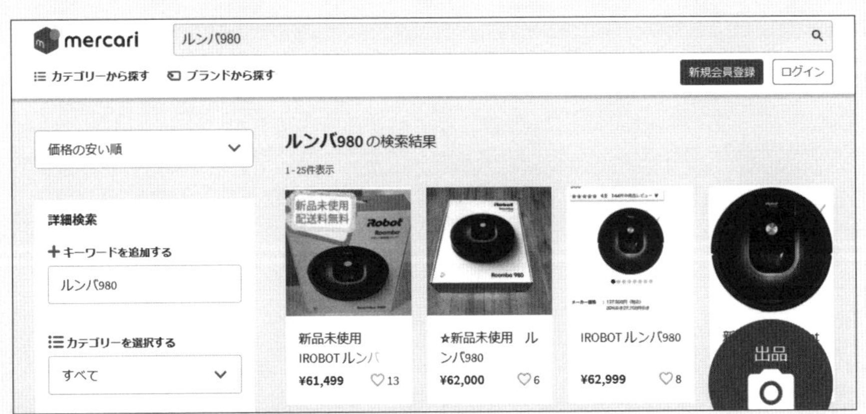

※画像は本書執筆時点の内容です。

なお、詳細検索にて最低価格の指定や新品・未使用品、販売中なども忘れず指定しましょう。**検索結果の並び順も、「最安値順」に指定**します。

⑷ メルカリ用のスクレイピング情報を入力します。

テキストエディターへメルカリ用のスクレイピング情報を入力していきます。スクレイピング情報はフリマサイト単位に保持する方が管理しやすいですし、変更があったときに対処しやすくなります。そのため、フリマサイト単位にリスト形式で保持するようにします。

なお、リスト形式ですので、今回は次のような順番に情報を持つように考えます。

リスト[0]：フリマサイト名
リスト[1]：最安値検索用URL
リスト[2]：最安値検索用セレクター
リスト[3]：商品が見つからなかった場合のセレクター

・リスト[0]：フリマサイト名

まずは、リスト形式の定数へフリマサイト名を入力します。

▼入力するパイソンコード

```
MERCARI = [
    'メルカリ',
```

・リスト[1]：最安値検索用URL

ブラウザにはメルカリで検索した結果が表示されているでしょうか？　表示されていない場合は検索を行ってください。

検索ができたら、ブラウザの上部にある「アドレスバー」に表示されているURLをクリックして、全選択します（図：課題6-2）。

▼アドレスバーの内容を全選択したところ（図：課題6-2）

マウスからでもキーボードからでもかまいませんので、URLをコピーします。

URLがコピーできたら、コピーした内容をメルカリ用のスクレイピング情報へ貼り付けて追加します。**先ほどのコードの次に貼り付け**てください。

URLが貼り付けられたら、パイソンが理解できるように「文字列型」にします。「'」を貼り付けたURLの先頭と最後に入力します。

さらに、URLはリスト項目の1つ目ですから、「'」で囲った最後尾に項目の区切りを意味する「,」を入力します。

▼入力するパイソンコード

```
'https://www.mercari.com/jp/search/?sort_order=price_
asc&keyword=%E3%83%AB%E3%83%B3%E3%83%90980 &category_
root=&brand_name=&brand_id=&size_group=&price_min=10
000&price_max=&item_condition_id%5B1%5D=1&status_on_
sale=1',
```

・リスト[2]：最安値検索用セレクター

検索結果から最安値を入手するために必要な「場所」を、ブラウザの「検証」機能で入手します（図：課題6-3）。

▼セレクターを表示したところ（図：課題6-3）

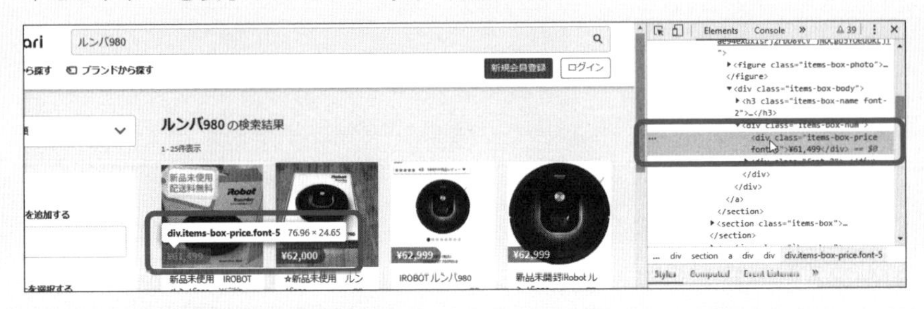

※画像は本書執筆時点の内容です。

そして、セレクターをコピーします。コピーの方法がわからない場合は、ページを戻って復習しましょう。

セレクターがコピーできたら、コピーした内容をメルカリ用のスクレイピング情報へ貼り付けて追加します。先ほどのコードの次に貼り付けてください。

セレクターが貼り付けられたら、パイソンが理解できるように「文字列型」にします。「'」を貼り付けたURLの先頭と最後に入力します。

さらに、セレクターはリスト項目の2つ目ですから、「'」で囲った最後尾に項目の区切りを意味する「,」を入力します。

▼入力するパイソンコード

```
'body > div.default-container > main > div.l-content >
section > div.items-box-content.clearfix > section:nth-
child(1) > a > div > div > div.items-box-price.font-5',
```

・リスト[3]：商品が見つからなかった場合のセレクター

検索しても、商品が見つからないことがあります。そういった場合のための対応を考えておきます。

例えばメルカリの場合、検索しても商品が見つからないときは、図のような画面になります。

▼商品が見つからないところ（図：課題6-4）

※画像は本書執筆時点の内容です。

「該当する商品が見つかりません。」というメッセージが出ていますね。そして、その下には検索した商品とは無関係な「新着商品」が表示されています。さらに、新着商品には価格があります。ということは、検索した商品は見つからないのに、関係のない価格を「最安値」としてスクレイピングしてしまう可能性が出てきます。

そこで「該当する商品が見つかりません。」というメッセージのセレクターを、ブラウザの「検証」機能で入手します（図：課題6-5）。

▼セレクターを表示したところ（図：課題6-5）

※画像は本書執筆時点の内容です。

そして、DOMツリーからセレクターをコピーします。

セレクターがコピーできたら、コピーした内容をメルカリ用のスクレイピング情報へ貼り付けて追加します。先ほどのコードの次に貼り付けてください。

セレクターが貼り付けられたら、パイソンが理解できるように「文字列型」にします。「'」を貼り付けたURLの先頭と最後に入力します。

このセレクターはリスト項目の3つ目ですが、項目の最後なので、「'」で囲った最後尾に項目の区切りを意味する「,」は必要ありません。その代わり、**リストの終わりを示す記号「]」を入力**します。

▼入力するパイソンコード

```
'body > div.default-container > main > div.l-content
> section > section > p'
]
```

(5) ラクマ用のスクレイピング情報を入力します。

テキストエディタへ、ラクマ用のスクレイピング情報を入力していきます。メルカリと同じ手順で行います。

▼入力するパイソンコード

```
RAKUMA = [
  'ラクマ',
  'https://fril.jp/s?min=10000 &order=asc&query=%E3%
83%AB%E3%83%B3%E3%83%90980 &sort=sell_price&status=n
ew&transaction=selling',
  'body > div.drawer-overlay > div > div > div > div
> div > div.search_tab > section > div.content > se
ction > div:nth-child(1) > div > div.item-box__text-
wrapper > div:nth-child(3) > p ',
```

～ラクマで商品が見つからないときは？～

　メルカリとは違い、検索した商品が見つからないときは、メッセージが表示されるだけです。

▼商品が見つからないところ（図：課題6-6）

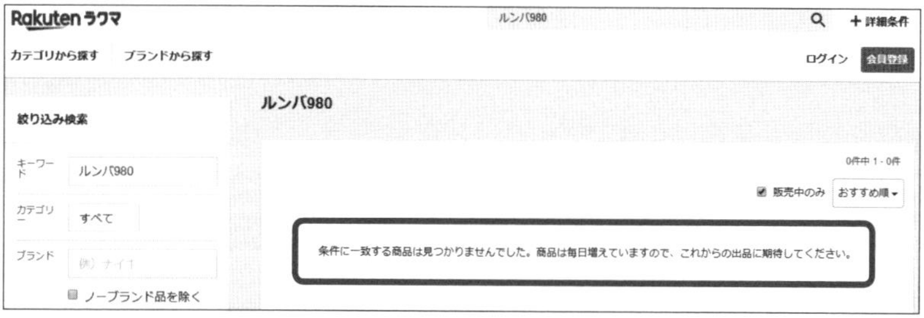

Rakuten ラクマ　ルンバ980　＋詳細条件
カテゴリから探す　ブランドから探す　ログイン　会員登録
絞り込み検索　ルンバ980
キーワード　ルンバ980　0件中 1 - 0件
カテゴリー　すべて　販売中のみ　おすすめ順
ブランド　例）ナイキ
ノーブランド品を除く
条件に一致する商品は見つかりませんでした。商品は毎日増えていますので、これからの出品に期待してください。

※画像は本書執筆時点の内容です。

　3つ目のリスト項目が必要なくなりますので、「''」とシングルクォーテーションを2つ入力します。そして、リストの終わりを示す記号「]」を入力します。

▼入力するパイソンコード

```
''
]
```

⑹ 2つのフリマサイトの情報を1つにまとめます。

2つのサイトへのスクレイピングを1つの処理で行うためには、「繰り返し」が使えます。繰り返しを簡単に行うために、スクレイピングする2つのサイト情報を1つにまとめます。

▼入力するパイソンコード

```
QUERY_INFOS = [
    MERCARI,
    RAKUMA
]
```

ここまで入力できたら、一度保存します。

「=」を使って代入しています。リストが登場しています。5章で学んだことばかりです。また、6章で学んだ「検証」の使い方も出てきています。

このように、いろいろな**スキルを組み合わせるのがプログラミング**です。コードを書くだけではないのです。

STEP3 接続相手に自分の情報を教える

私の特設ページへ接続する場合はトラブルが発生しなかったと思いますが、一般的なサイトへ接続するときには「接続元の情報」を相手に知らせないとエラーになってしまい、スクレイピングができないこともあります。そういったトラブルを前もって防ぐためには、あなたが使っているブラウザの情報を相手に知らせることで解決できます。

では、どうやって情報を見つけて使うのかというと、次のようになります。

(1) 自分のブラウザの情報を見つける方法

ブラウザから、Googleで「確認くん」と入力して検索。検索結果から「確認くん-UGTOP」を選びます。そうすると、次のような画面が表示されます。

▼確認くんの画面（図：課題6-7）

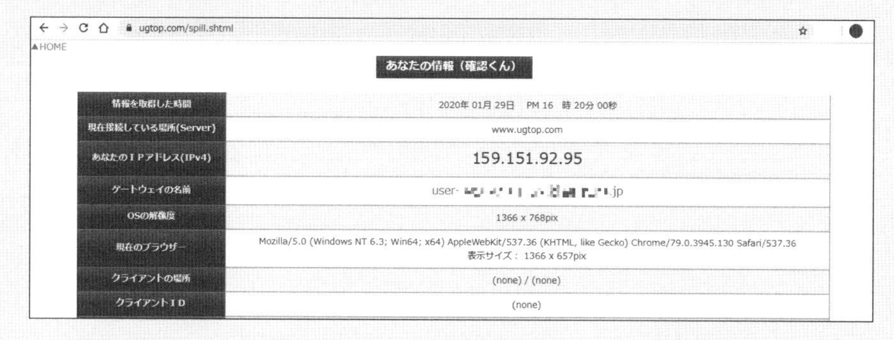

⑵ 自分のブラウザの情報を入手する

「確認くん」の画面にある項目「現在のブラウザー」で表示されているアルファベット部分を、マウスで選択しコピーします。

▼確認くんで選択した画面（図：課題6-8）

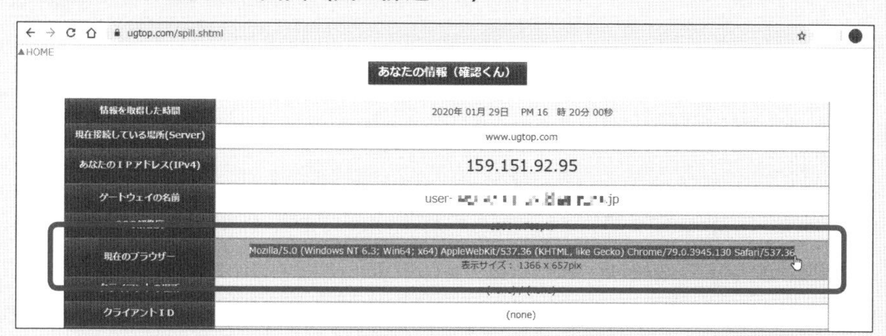

⑶ コピーした内容をプログラムへ貼り付ける

先ほど入力したコードの後ろへ、「確認くん」からコピーした内容を貼り付け、「USER_AGENT」へ代入します。

▼入力するパイソンコード

```
USER_AGENT = {"User-Agent": "Mozilla/5.0 (Windows NT 6.3; Win64; x64) AppleWebKit/537.36 (KHTML, like Gecko) Chrome/79.0.3945.130 Safari/537.36"}
```

気をつけたいのは、次の3箇所です。

- **貼り付けた部分の左にある「{"User-Agent":」**
- **貼り付けた部分の先頭と最後に入力されている「"」**
- **最後尾の「}」**

ここまで入力できたら、一度保存しておきます。

プログラムを入力するテキストエディター、ブラウザで表示された情報、あちこち移動しながらコピーや貼り付けを行い、パイソンコードの入力をしていますので頭が混乱してくるかもしれません。

「ワァ～！」ってなったら、一旦手を止めて深呼吸しましょう。**イライラしてもプログラムは完成しません**し、実際に依頼があったとき「ワァ～！」ってなったとしても、**無駄な時間だけが過ぎますので意味がありません。**

STEP4 いよいよ、スクレイピングの部分を作る

すでにイメージができているかもしれませんね。スクレイピングを行うのは2つのサイトですから、繰り返し処理を使って1つのスクレイピングコードでプログラムを作るようにしていきます。

(1) 繰り返し処理を入力する

先ほどのコードの後ろへ入力します。

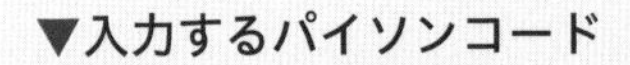
▼入力するパイソンコード

```
for info in QUERY_INFOS :
```

「for」です。これまでも登場していますので、思い出しましょう。

⑵ 休止を入れる

先ほどのコードの後ろへ入力します。

▼入力するパイソンコード

```
sleep(2)
```

⑶ フリマサイトを読み込んでHTML部分を解析する

これまでのスクレイピングと同じです。先ほどのコードの後ろへ入力します。

▼入力するパイソンコード

```
url = info[1]
response = requests.get(url, headers = USER_AGENT)
response.encoding = response.apparent_encoding
html = response.text
soup = bs4.BeautifulSoup(html, 'html.parser')
```

ここまで入力できたら、一度保存しておきます。

これまで登場したことが、次々と出てきています。入力している内容が何をやっているのか疑問が出てきたら、ページを戻って復習しながら進めましょう。

STEP5　最安値を抜き出して表示

フリマサイトの解析が終わりましたので、最安値を抜き出します。最安値はフリマサイトで検索するときに**「価格の安い順」を指定することで、「常に1番目の情報」が最安値になります**。すべてのことをプログラムで行うのではなく、相手サイトの機能や特性を利用できないか考えます。

⑴ 最安値を抜き出す前に大事な「例外処理」

プログラムには「例外処理」というものがあります。言葉からイメージできるとおり、「思っているのと違う動きに対処する処理」です。例えば、最安値の情報があると思っていたのに、商品がフリマに出品されていなくて最安値が抜き出せない場合は「例外」となります。

こういったことは、プログラミングでは頻繁に起こります。そのためプログラムを作る人は、**「もしかすると」をイメージし対処する方法を用意しておくことが大切**です。

そこで登場するのが、初めて出てくる命令「try～except」です。

▼例外処理の書き方

```
try :
    当初から考えている処理
except :
    例外が起こった場合の対処方法
```

なお、「try」「except」、それぞれの内側に書くコードは、インデントに注意しましょう。「if」や「for」と同じ考え方です。

また、当初から考えている処理の中で、意図的に「例外」を発生させることもできます。

▼意図的に例外を発生させる書き方

```
raise 例外の種類
```

例外には様々な種類がありますので、詳しく知りたい方は「パイソン raise」で検索して調べてみましょう。今回は「ValueError()」というものを使います。

⑵ 最安値を抜き出して表示する

例外処理を使いながら、最安値を抜き出して表示します。

▼入力するパイソンコード

```
try :
    #商品が見つかったかどうかをチェック
    if info[3] != '' :
        if soup.select (info[3])  :
            raise ValueError()
    #価格を抜き出す
    prices = soup.select(info[2])
    print(info[0] + ':' + prices[0].getText())
except :
    #商品が見つからなかったことを表示
    print(info[0] + ':見つかりませんでした。')
```

「try」と「except」は、「for」の内側にあります。パイソンコードなので、インデントに注意しておきましょう。

ここまで入力できたら、一度保存します。

STEP6　フリマサイトをウェブスクレイピングする

⑴ ターミナルからプログラムを動かしてみる

P147「本書における「パイソンプログラムの動かし方」のまとめ」のSTEP1

～STEP4を行いましょう。STEP4までできたら、STEP5を参考にしてプログラムを指定して動かします。

```
python kakaku_scraping.py
```

入力できたらEnterキーを押します。そうすると、「図：課題6-9」の内容がターミナルに表示されます。

▶スクレイピングの結果（図：課題6-9）

```
メルカリ：¥61,499
ラクマ：見つかりませんでした。
```

※画面はWindowsの結果です。表示される価格は商品出品の状況によって変化しますので、必ず一致するわけではありません。

メルカリの最安値は表示されていますが、ラクマの最安値は「見つかりませんでした。」となっています。

おかしいですね。

⑵ 開発者向け画面は常に正しいわけではない

詳しいことはP242のコラムでお話しますが、開発者向け画面のDOMツリーからセレクターをコピーしても、その内容がメルカリのように正しいこともあれば、ラクマのように正しくないこともあります。

こういう場合は、自分でDOMツリーを調べ、入手したい情報に指定されているセレクターを見つけて試してみるのが一番です。仕事の依頼を受けている場合、こういった理由で「できませんでした～」とは言えません。何とかして依頼内容を実現しなくてはいけないのです。

⑶ どうやって見つけるのか

ラクマを最初の条件に従って、ブラウザで表示しましょう。表示できれば、最安値から「検証」を使います。

⑷ DOMツリーから最安値が選択される場所を特定する

▼DOMツリーから最安値を選択（図：課題6-10）

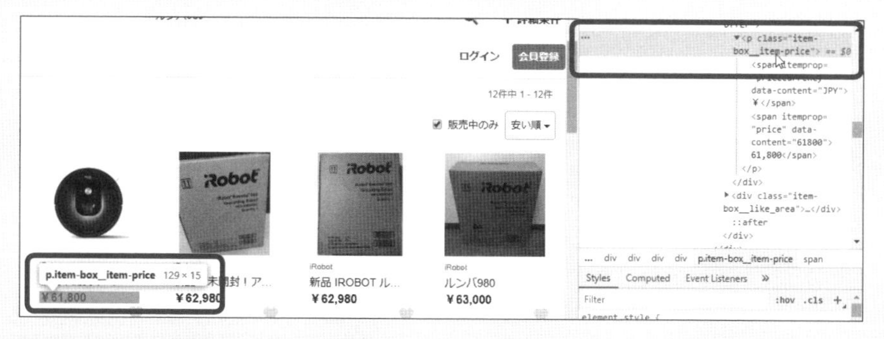

※画像は本書執筆時点の内容です。

⑸ <p>のclassが使えそう

<p>の属性として使われている「class」の内容が使えそうです。

▼<p>のclass（図：課題6-11）

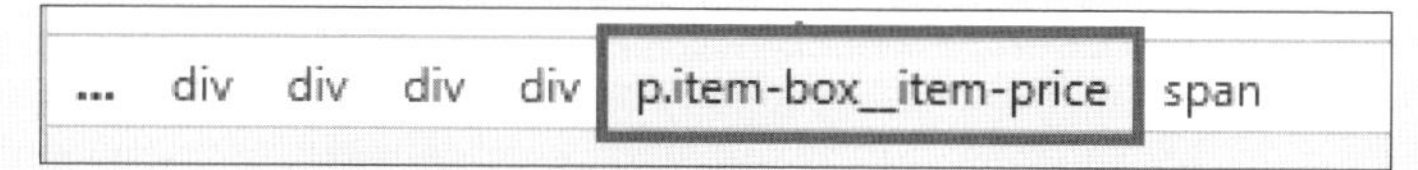

⑹ ラクマ用の最安値検索用セレクターを修正する

<p>のclass属性値に修正します。

▼修正するパイソンコード

修正前

```
RAKUMA = [
    'ラクマ',
    'https://fril.jp/s?min=10000 &order=asc&qu
ery=%E3%83%AB%E3%83%B3%E3%83%90980 &sort=se
ll_price&status=new&transaction=selling',
```

```
    'body > div.drawer-overlay > div > div >
div > div > div > div.search_tab > section >
div.content > section > div:nth-child(1) > div >
div.item-box__text-wrapper > div:nth-child(3) >
p',
    ''
]
```

修正後

```
RAKUMA = [
    'ラクマ',
    'https://fril.jp/s?min=10000 &order=asc&qu
ery=%E3%83%AB%E3%83%B3%E3%83%90980 &sort=sell_
price&status=new&transaction=selling',
    '.item-box__item-price',
    ''
]
```

なお、今回入力するラクマのセレクターは間違えやすいです。

.item-box__item-price

・先頭のピリオドは入力し忘れないように

・boxとitemの間は半角の下線を2本続ける

このようにセレクターは見づらいこともありますので、慌てずに**きちんと細かな部分まで見て入力する**ように心掛けましょう。

セレクター部分が修正できたら保存します。

⑺ ターミナルからプログラムを動かしてみる

```
python kakaku_scraping.py
```

入力できたらEnterキーを押します。そうすると、図の内容がターミナルに表示されます（図：課題6-12）。

▼スクレイピングの結果（図：課題6-12）

```
メルカリ：¥61,499
ラクマ：￥61,800
```

※画面はWindowsの結果です。表示される価格は商品出品の状況によって変化しますので、必ず一致するわけではありません。確認したい場合は、それぞれのサイトを表示して見比べてみてください。

これでメルカリ、ラクマともに最安値が表示されました（図：課題6-13）。

▼フリマサイトの状況と結果（図：課題6-13）

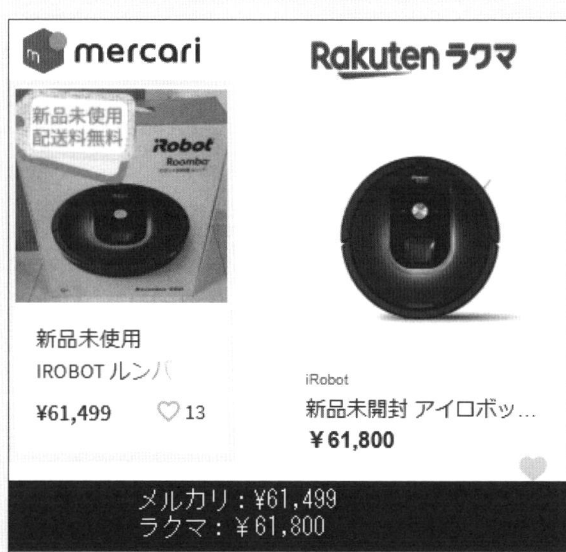

※画像は本書執筆時点の内容です。

STEP7 他の商品でも最安値を見つけるようにする

せっかくフリマサイトをまたいで最安値を見つけるプログラムが作れたのですから、「ルンバ980」以外の商品でも最安値を見つけるようにしてみましょう。

(1) URLを解読する

他の商品でも検索して見つけるには、メルカリとラクマで検索するときに使われている「URL」の内容を解読することで対応できます。

URLとは、ブラウザの上部にあるアドレスバーに表示されている内容です。例えばラクマのURLを見てみましょう。

▼ラクマのURL（図：課題6-14）

https://fril.jp/s?min=10000&order=asc&query=%E3%83…

①https:// ②fril.jp ③/s ④?min=10000&order=asc&query=%E3%83…

図のようになっています。

▼URLの各部分の意味

①	スキーム	通信の方法を表しています。
②	オーソリティ	インターネット上の住所（ホスト名）を表しています。
③	パス	何らかの処理やページの場所を表しています。
④	クエリ	?の後に検索条件が指定されています。

④の内容を解読すれば、他の商品も検索できそうです。

次に、ラクマのクエリを分解してみます。クエリは「&」で区切られ、「=」で条件と値を紐づけていますので、バラバラにすると次のようになります。

▼ラクマのクエリ条件と値

min	10000
order	asc
query	%E3%83%AB%E3%83%B3%E3%83%90980
sort	sell_price
status	new
transaction	selling

ここで一度、ラクマの画面を開いて最初の条件で検索してみます。検索できればアドレスバーを見てください。図のようになっているはずです。

▼アドレスバーで見たラクマのURL（図：課題6-15）

fril.jp/s?min=10000&order=asc&query=ルンバ980&sort=sell_price&status=new&transaction=selling

下線部分の「query」に、「ルンバ980」と表示されています。しかし、先ほど見た「ラクマのクエリ条件と値」では、判読できない文字になっていました。でも、ここが商品のキーワードであることは理解できます。

また、クエリの1つ目「min」も、よく見ると「10000」となっていますので、ここは最低価格ということがわかります。

▼ラクマのクエリ条件の意味

min	最低価格
order	並び順（昇順か降順か）
query	商品名
sort	並べる項目
status	商品の状態
transaction	販売状況

⑵ 商品名と最低価格を変更できるようにする

クエリの場所がわかれば、そこに検索して最安値を調べたい商品名と最低価格を指定できるようにすればOKです。

・ラクマのURLを変更する

ラクマ用のスクレイピング情報を指定したリスト「RAKUMA」に、URLがあります。最低価格と商品名を変えられるように変更します。

▼変更するパイソンコード

変更前

```
'https://fril.jp/s?min=10000&order=asc&query=%E3%
83%AB%E3%83%B3%E3%83%90980&sort=sell_price&status
=new&transaction=selling',
```

変更後

```
'https://fril.jp/s?min={1}&order=asc&query={0}&so
rt=sell_price&status=new&transaction=selling',
```

商品名を{0}、最低価格を{1}に変更しました。これは、後で登場する「文字列へ値をはめ込む」ための場所を指定しています。

・メルカリのURLを変更する

メルカリ用のスクレイピング情報を指定したリスト「MERCARI」にURLがあります。最低価格と商品名を変えられるように変更します。

▼変更するパイソンコード

変更前

```
'https://www.mercari.com/jp/search/?sort_order=pr
ice_asc&keyword=%E3%83%AB%E3%83%B3%E3%83%90980&ca
tegory_root=&brand_name=&brand_id=&size_group=&pr
ice_min=10000&price_max=&item_condition_id%5B1%5D
=1&status_on_sale=1',
```

変更後

```
'https://www.mercari.com/jp/search/?sort_order=pr
ice_asc&keyword={0}&category_root=&brand_name=&br
and_id=&size_group=&price_min={1}&price_max=&it
em_condition_id%5B1%5D=1&status_on_sale=1',
```

ラクマと同じように、商品名を{0}、最低価格を{1}に変更しました。メルカリの場合は「**keyword**」が商品名、「**price_min**」が最低価格です。

このように**サイトによってクエリの文字と意味は違っています**ので、それぞれのURLを観察し、何度かブラウザで検索してみて、どの検索条件を変えるとURLのクエリがどういう風に変わるのかをチェックします。そして、チェックした結果から予想を立て試してみます。

もちろん、予想が外れることもあります。何度かトライ＆エラーを繰り返して、パターンを見つけましょう。

(3) 検索キーワードを変更する方法

それぞれのフリマサイトのURLでキーワードが受け取れる（はめ込める）ようになれば、後は簡単です。

for文によって、QUERY_INFOSから1サイト分の情報を代入した後、info[1]の内容を変数「url」へ代入している部分を次のように変更します。

▼変更するパイソンコード

変更前

```
url = info[1]
```

変更後

```
url = info[1].format(urllib.parse.quote('ルンバ980'), 10000)
```

formatとurllib.parse.quoteという初めて見る命令が出てきました。

(4) formatの使い方

formatとは、先ほど指定した{0}と{1}へ値をはめ込む機能です。次のように使います。

```
format({0}へはめ込む値, {1}へはめ込む値)
```

(5) urllib.parse.quoteの使い方

urllib.parse.quoteは、検索する文字の中に「&」を含むかもしれないとき、特殊な「%XX」の形式に変換します（%XXに変換するため「パーセントエンコード」と呼ばれています）。今回は日本語で商品名を指定しますので、「&」が含まれる可能性があります。そのため、この関数を使用しています。

ちなみに、「ルンバ980」をパーセントエンコードすると、「%E3%83%AB%E3%83%B3%E3%83%90980」になります。コンピュータが読むための変換なので、人間が読めなくても問題ありません。

⑹ 忘れてはいけないのが宣言

urllib.parse.quoteを使うためには、パイソンコードの最初で「使いますよ」と宣言しないといけません。これは、休止する機能「sleep」のときにも必要だったのと同じです。

sleepの宣言の下に入力しましょう。

▼入力するパイソンコード

```
import urllib
```

STEP8　もう一度プログラムを動かしてみる

ここまで入力できたら保存します。そして、ターミナルからもう一度動かしてみましょう。

```
python kakaku_scraping.py
```

入力できたらEnterキーを押します。そうすると、メルカリとラクマの最安値が表示されます。今回は商品も最低価格も変わっていませんので、先ほどと同じ結果になります。

なお、コードのサンプルは「ドキュメント（Macは書類）/progws/課題/6章/課題6/kakaku_scraping.py」を参照してください。

～クエリを解読すれば思いのまま！～

URLのクエリを解読すれば、思いのとおりにスクレイピングすることが可能です。確かに、サイトによってクエリの名前や順番が違いますので、最初は難しいかもしれませんが、何度か見ていると単語の使い方やパターンがわかってきます。比較的簡単に、「どこを変えればいいのか」わかるようになるでしょう。

～スクレイピングは奥が深い！～

ウェブスクレイピングの世界は奥が深いものです。今回はウェブページから情報を収集することを行いましたが、次のような世界もあるのです。

・URLではなくPOSTという方法で検索条件を指定する方法
・自動的に複数ページを渡り歩く方法（クローリングと言います）
・収集した情報をエクセル形式のファイルへ保存する方法
・収集した情報をデータベースシステムへ保存する方法

興味が出てきたら、ぜひ調べてみてください。よりスクレイピングの学びが深まることでしょう。

6-6 スクレイピングスキルをマネタイズする方法

こんなことができるんですね。でもこういうスキルって、どうすればお金になるんですか？

ウェブスクレイピングのスキルをお金に変える方法は、大きく分けると2つあります。自分の価値観やライフスタイルにあった方法を選んでくださいね。

どんな方法ですか？ 興味深いです！

スキルを自分に使う方法

最後に、ウェブスクレイピングを学んだことで得られたスキルをマネタイズするには、どのような方法が考えられるのか見ていきたいと思います。

「スキルをマネタイズする」というと、誰かから仕事を受けないといけないような気がしませんか？

でも、そんなことはありません。スキルを**自分に使うことでマネタイズする**方法もあります。

例えば、今回の課題で行ったような商品の価格情報を使うと、次のようなことに役立つ可能性があります。

- **転売**
- **オークション**

今の市場で売りやすそうな価格変動時期を予測した上で出品すれば、売れやすいですよね。

また、市場は欲しがっているけれどフリマサイトなどに出品されていないことが簡単にわかれば、普段よりも少し高い金額でも売れていく可能性も高まります。

さらに、別のマネタイズの方法も考えられます。

株価の過去データをスクレイピングで収集し、エクセルなどを使って分析することで値動きの特徴を予測し、株式投資をすることも可能です。

ロト6やミニロトなどの過去データも、ウェブには存在しますので、こういった内容を収集しエクセルを使って「当たりやすい」数字を予想することもできるでしょう。

今の時代、情報を手に入れることで予測しやすくなることはいろいろあります。そして予測できれば、マネタイズできる確率も高くなるのです。

スキルを仕事に使う方法

一般的には、こちらをイメージする人が多いのではないでしょうか。スクレイピングのスキルを外部から依頼されてマネタイズする場合は、相手の要望によって収集する情報が変わってきます。

必ずしもあなたが得意なジャンルではないかもしれませんし、あなたにとっては全く興味のないジャンルかもしれません。

でも仕事の依頼を受けるということは、こういったケースでも相手が欲している情報を今回のスキルをベースにして収集しなくてはいけません。

例えば、こんな情報がほしいという人もいます。

- **ファッションサイトのデータを集めて分析したい**
- **通販サイトのレビューを集めて感情分析したい**
- **ニュース記事を集めてトピックを分析したい**

最終的にどういった分析を行い、どのようなマーケティングやビジネスに役立てるのかはわかりませんが、こういった情報を集めるプログラムを作成することでマネタイズすることもできるでしょう。

スクレイピングスキルの将来性

これからは、**情報を持っている会社や人が有利になってくる**ことは間違いありません。これは大手企業があちこちから情報を集めていることからもわかりますし、FacebookやGoogleなどのように個人情報から行動情報まで集めている企業が大きく成長していることからもわかります。

こういった事実から見ても、スクレイピングスキルは、これからのビジネスや副業、起業や個人資産を育てるような場面でも活用されていくことが予想されます。

そして、より多くの役立つ情報を集め、その上で自分にとって、または相手にとって有益となる分析を行うことで、より多くのマネタイズチャンスと出会えることでしょう。

今の時代、「**情報は金脈**」だということです。

column 解釈の違いでうまくいかないこともある

ウェブページから特定の情報を入手しようとした場合、情報の場所を特定することになります。この場所を、「セレクター」と呼んでいます。

ほとんどの場合、セレクターはブラウザの開発者ツールで表示されるDOMツリーから得られます。しかし、今回の課題でもあったように、メルカリは最安値が取得できるのにラクマはできないというようなことも起こります。

これはウェブページを構成しているHTMLコードをブラウザが読み込んで解釈した結果と、今回ならパイソンで作ったプログラムでHTMLコードを読み込んで解釈した結果に違いが生まれたため、思っているように情報が取得できなかったということです。

こういうことはプログラミングをしていると遭遇する可能性がありますので、まずは開発者ツールのDOMツリーから得たセレクターを使ってプログラムを書いて動かし、想定している結果になるか確認することが大切です。**「開発者ツールを使ったから絶対に間違いない！」とは思い込まないでください**。思っている結果にならない場合は、今回の課題で行ったように、HTMLコードの構造を自分で丁寧に確認し、使えそうなセレクターをいろいろと試していくことで解決できるはずです。

プログラミングを行う上で、ツールはあくまでも私たちがコードを書くときに助けてくれるものであり、完全に正確な答えを与えてくれるものではないのです。

第7章

さらに、いつも「貸出中で稼ぐ」ための方法も紹介!

7-1 ウェブアプリケーションで稼ごう

パイソンを知っていると、ウェブアプリケーションで稼げるんですね！

はい、パイソンはウェブスクレイピング以外にも、様々なものを作れるんですよ。

すごい！ ところで、ウェブアプリケーションて何なのですか？

ウェブアプリケーション開発とは

今回のウェブスクレイピングで学んだことを基礎にして学びの範囲を広げると、「ウェブアプリケーション」を開発して稼ぐスキルを身につけることができます。

ウェブアプリケーション開発とは何かというと、インターネットを利用したアプリケーションソフトウェアを開発することです。

ウェブアプリケーションは、今回のウェブスクレイピングで収集した情報を管理している「WEBサーバー」上で動作し、ホームページやブログを閲覧しているブラウザ側でアプリケーションの操作ができる仕組みを持ったものです。

ウェブアプリケーションの例としては、次のようなものがあります。

- アマゾン
- 価格.com
- 楽天
- ZOZO
- YouTube
- Gmail
- Skype

こうやって見ると、大きく**成長しているサービス（儲かっているサービス）**はウェブアプリケーションを開発し利用しているということがわかりますよね。

ウェブアプリケーション開発に必要なスキル

ウェブアプリケーションはインターネットを介して動く仕組みです。そのため、図7-1のような2つの役割に分かれています。

▼ウェブアプリケーション（図7-1）

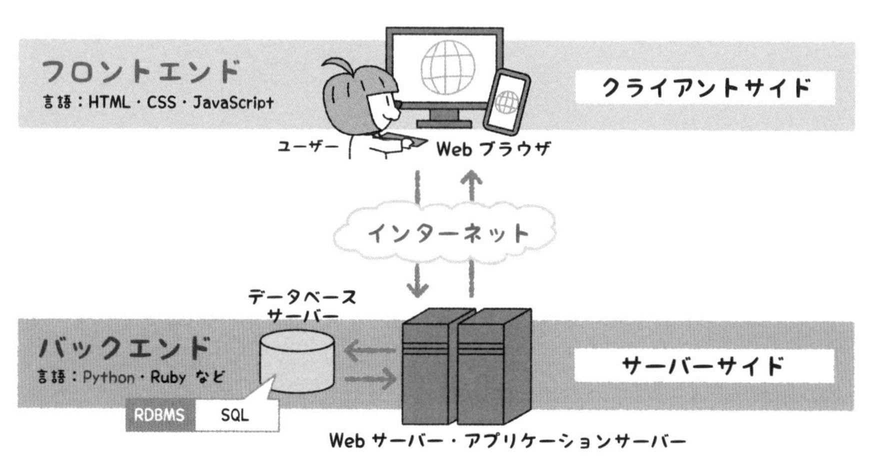

・フロントエンド

私たちが普段使っているブラウザ側です。こちらは今回学んだ「HTML」「CSS」を利用します。また今回は登場していませんが、「JavaScript」も利用します。

フロントエンドはウェブアプリケーションの**デザインや操作**の部分を主に担当しています。フロントエンドを作るエンジニアのことを、「フロントエンジニア」と呼びます。

・バックエンド

ウェブアプリケーションの仕組みを受け持っています。こちらは、今回学んだ「Python」が利用できます。他にも「PHP」「Java」「Ruby」などの言語を使う人もいます。また、バックエンドには情報を保存・検索する「データベース」というものも使います。

デザインや操作の部分ではなく、**ビジネスの仕組み**を主に担当しています。バックエンドを作るエンジニアのことを、「バックエンドエンジニア」と呼びます。

フロントエンドとバックエンドがインターネットを介して情報をやりとりすることで、お金を生み出すビジネスをスムーズに動かしています。

ウェブアプリケーション開発の学習ロードマップ

ウェブアプリケーションの開発を学ぶ順序と、必要なスキルを見ておきましょう。

>>>STEP1　ウェブアプリケーションの仕組みを理解する

ブラウザとWEBサーバーがどのようにつながっているのか、情報をやりとりしているのかを理解しましょう。

>>>STEP2　HTML、CSS、JavaScriptを学習する

フロントエンド側の学習をしましょう。これら3つの基礎だけでも読み書きできないと、前に進めなくなります。

>>>STEP3　バックエンドで使うプログラム言語を学ぶ

今回学んだ言語だと「パイソン（Python）」を深く学びましょう。あなたが他の言語を試してみたいのなら、取っつきやすい「Ruby」がおすすめです。

>>>STEP4　言語にあわせたフレームワークを選び学ぶ

フレームワークとは、頻繁に使う仕組みを集めたものです。フレームワークは便利なものですが、それぞれに「クセ」がありますので、クセを理解して扱ってあげるための学習が必要になります。

>>>STEP5　データベースの理解とSQLを学ぶ

データベースはビジネスに重要なデータを保存しています。また、保存した情報を適切に組み合わせて取り出すこともできます。これからのウェブアプリケーションを開発するエンジニアには、最低限のデータベースの知識や、データをやりとりするときに使う「SQL」というデータベース用の言語を学んでおくことが大切です。

>>>STEP6　ウェブアプリケーションを開発する

学びが終われば、実際にアプリケーションを開発してみましょう。学んだだけでは忘れてしまいます。何かを作ってこそ、自分の体に覚え込ませることができます。

ウェブアプリケーション開発で期待できる収入

ウェブアプリケーション開発ができると、フリーランスなら「750,000円／月」や「850,000円／月」という案件をインターネットで見つけることができます。

私自身、2018年にお手伝いした案件でウェブアプリケーションの設計を行い、実際の開発部分を100万円で副業エンジニアの方へ依頼したこともあります。

ウェブアプリケーション開発は、おそらく今後も無くなりません。また、きちんと開発できる人は常に不足気味です。コツコツとスキルを積み上げることで、他の職業よりも比較的高い収入を目指すことができるでしょう。

7-2 データ分析で稼ごう

ちょっと地味な感じなので、もう少し華やかな稼ぎ方ってないんですか？

そうですね。そういうことなら今最も熱い「データ分析」なんてどうですか？

へぇ〜、なんか「分析」ってキーワードが稼げそうに感じます！

データサイエンスとは

昨今、雑誌や新聞でにぎわっている「データサイエンス」というキーワードがあります。プログラミング関係の話が登場すると、必ずと言っていいくらい見かけます。

データサイエンスとは、大量に存在するデータを分析し、ビジネスに価値のある結論を見つけるための活動を言います。

データサイエンスの考え方は、今に始まったことではありません。昔から存在した考え方ですが、インターネットが普及したことで簡単に大量のデータを収集できるようになったため、これまで以上に存在が注目されるようになりました。

また、データサイエンスを仕事にしている人を「データサイエンティスト」と呼んでいます。

データサイエンティストの役割は、データに基づいてビジネスなどに必要となる意志決定をサポートすることです。**ITスキルをはじめ、統計学やビジネススキル、マーケティングの知識なども求められます。**

データサイエンティストに必要なスキル

(1) データの収集と管理

データを使って分析するためには、データを集めなくてはなりません。自社がこれまで蓄えた貴重なデータを掘り起こすスキルも必要になるでしょうし、ウェブ上に存在するデータをスクレイピングによって集める必要も出てくるはずです。また、集めたデータを適切に管理するスキルも必要になります。

これは、集めた情報には個人情報など取り扱いに注意が必要なデータが含まれることもあるためです。

(2) データ分析

集めたデータを解析し、予測するスキルが必要です。データ分析スキルは、次の3つに分けることができます。

・ビジネススキル

データを分析する上で欠かせないのが、ビジネスについて理解しているのかということです。いくら大量のデータを使って分析しても、ビジネスで活用できるポイントがわからなければ全く意味を持ちません。また、分析した結果を他者へわかりやすく、興味を持たせながら伝えるスキルも必要です。

・ITスキル

大量のデータを集める、管理する、分析する。どれもITスキルがないとスムーズに進めることは難しいでしょう。パソコンの使い方、大量データを扱うスキル、プログラミングスキルは必要になってきます。特に大量データを自在に扱い、必要な情報を抽出したり掛け合わせたりすることのできるデータベース言語「SQL」の習得は、必須と考えておきましょう。

・統計解析スキル

データを分析するためには、数学の知識や分析手法の知識が必要です。また、分析するために使うソフトウェアを操作するスキルもあった方が便利です。

確率統計、微分積分、行列といった数学の基礎知識は、身につけておいて損はありません。

データサイエンティストで期待できる収入

データサイエンティストとして働くことができると、日本の民間給与の平均的な年収よりは高くなる傾向にあります。

国税庁が2018年に調査した結果を見てみると、民間給与の平均的な年収が約441万円です。対して、転職サイトなどでデータサイエンティストの年収を見ると約660万円。専門性が高く豊富な知識や視点が必要な職種であるため、人材不足も影響し、既存の年収モデルには当てはまらないようです。

将来性のある仕事ですから、コツコツとスキルを1つずつ積み重ねてチャレンジしてみるのも良い選択ではないでしょうか。

7-3

キッズプログラミングで稼ごう

最近、SDGsとかってあるじゃないですか。人の役に立てるような方法ってありませんか？

それならプライスレスですが、大変意義のあるスキルの活かし方がありますよ。

それいい！ そういうやりがいのあることって、憧れるんですよね～。

キッズプログラミングとは

2020年4月から、小学校でプログラミング教育がスタートします。これに伴い、子供の将来をきちんと考える親御さんは、従来の学習塾にプラスしてプログラミングスクールやプログラミング講座を利用し、未来で必要になるスキル教育に興味を持たれる方も増加することでしょう。

キッズプログラミングとは、ロボットや子ども向けプログラム言語「Scratch」などを使って、子ども自らが考えてプログラムを書けるように指導する講座です。

キッズプログラミングによって子どもたちは、自分で考え行動する力を身につけるようになるでしょう。また、決まったことを決まったとおりにするのではなく、プログラミングという自由で柔軟な発想が求められるスキルを通して、問題解決能力や想像力、論理的思考を効率的に学びます。

キッズプログラミング講師に必要なスキル

キッズプログラミングの講師に必要なスキルを見てみましょう。

⑴ 子どもへの対応

子どもの性格や特性にもよりますが、年齢が小さいほど言葉でうまく表現できないことが多いため、何が困っているのか判断が難しいこともあります。だから、こちらから観察し言葉ではないサインを見つけるスキルが必要なのです。

また子どもの場合、1つのことに集中しつづけるのは大変困難です。よって、適切なタイミングで軌道修正するスキルもあれば、より良い講師になれるでしょう。

⑵ 親御さんへの対応

子どもがどれだけ喜んでくれても、あなたへ「授業料」としてお金を払ってくれるのは親御さんです。だから、子どもが喜び楽しんで学んでいることを、親御さんへ伝える対応力が必要です。

⑶ プログラミングスキル

もちろん、基礎的なプログラミングスキルは必要ですが、「専門的なスキル」は重要ではありません。多くのキッズプログラミングスクールや講座にはテキストがありますので、そのとおりに進めればOK。ただし「テキストと同じようにしても動かない」というシーンで上手に間違い探しを手伝いながら、子どもが自分で原因を見つけられるようにサポートするスキルが重要になってきます。

⑷ ロボットを動かすスキル

子ども向けのプログラミング授業は、ロボットを使って行う形式が多いです。そのため、機械の構造や動作原理を知っていると良いでしょう。必須スキルではありませんが、スキルがあれば子どもたちにも楽しく教えることができます。

キッズプログラミング講師で期待できる収入

雇用形態としては「アルバイト・パート」が多いです。しかし時給を見ると、一般的なアルバイトやパートよりも若干高めです。

インターネットに掲載されている求人情報を見ると、時給1,500円～2,000円が相場のようです。

ウェブアプリケーション開発やデータサイエンスのような高額収入は期待できませんが、**子どもたちの「わかった！」が大好きな人には大変やりがいのある稼ぎ方**だと思います。

7-4 フリーランスで自由に稼ごう

時間と場所と収入の自由っていいですよね。通勤電車も乗らなくていいし！

そうですね。満員電車も関係ありませんし、休みたいときに休めるのはうれしいですね

そんな稼ぎ方って「フリーランス」ですよね。旅しながら稼げるかもって思うと、ついニヤニヤしちゃいます。

フリーランスに必要なスキル

フリーランスは、依頼を受ける仕事のスキルは持ち合わせていて当然です。その上に以下のようなスキルを積み上げることで、まわりが廃業したり会社員へ戻っていったりするなかで、自分だけは3年、5年と生き残っていくことができます。

(1) 自信

これをスキルというかどうかは人ぞれぞれですが、自信がなければ自分の裁量を通すことができません。相手に振り回されてしまうことになります。

⑵ レスポンススピード

フリーランスは自由ですが、自由だからこそ会社員のような収入の安定や保証はありません。自由なのは「付き合うかどうか」を自分で決められることです。そのため付き合うと決めた人とは長く安定して仕事を進めたいもの。このような関係性を維持するには、相手からの連絡にはスピード感をもってレスポンスすることが大切です。

⑶ お金の管理（資金繰り）

フリーランスは組織に属していませんから、お金や税金に関する管理は自分で行わないといけません。自分が苦手なら、費用を払って外部の人に手伝ってもらうのがおすすめです。

⑷ セールススキル

会社員と違い、フリーランスは自分の名前だけで勝負しないといけません。そのためには、自分にとって有利に話が運べるセールススキルを身につけておきたいものです。セールスしないと誰もあなたに興味はもってくれませんので、いつまでたっても仕事がありません。

⑸ マーケティングスキル

やってきた依頼をこなすだけでは、安定した収入を継続するのは難しいです。1度の依頼から、2度3度と繰り返してもらえる仕組み、紹介してもらえる仕組み、新しい提案に興味を持ってもらえる仕組みを、自分で計画し作っていく必要があります。企業なら「マーケティング部」や「プロモーション事業部」がやっていることを、自分でやるイメージです。

フリーランスの稼ぎ方

プログラミングスキルを活かしてフリーランスで稼ぐなら、プログラムを開発するだけではなく、次の3つの稼ぎ方もあります。

⑴ ホームページ制作

今の時代、起業する人なら必ずホームページくらいは持つことになります。また、すでにホームページを持っていたとしても、まともな会社なら定期的に「ホームページのリニューアル」が行われます。

つまり、この仕事が無くなることはまずありません。

⑵ プログラミング講師

大人向けのプログラミング講師で稼ぐ方法もあります。

プログラミング講座を行っている会社は増えていますので、そういったところへ登録し、教えることで収入を得ることもできます。

初心者の方を担当すれば、自分のこれまでの経験談を交えながら教えることができるので、生徒さんも身近に感じられ学習が進みやすくなるはずです。

⑶ 専門性の高いライター

プログラミングやIT関係に特化した、専門のフリーランスライターとして稼ぐこともできます。

一般的なウェブライターはライティングの単価が低いですが、専門的な知識が必要となるライティングは単価が高めに設定されています。

1記事の原稿料が1万円を超えるケースもありますので、フリーランスの副収入や、会社員の方の副業としても選びがいのある仕事だと思います。

フリーランスで期待できる収入

フリーランスの収入ですが、会社員のように目安がありません。「Aという仕事をしたので○○万円」という決まりはなく、**どんな人と仕事をするのかで収入は変化します**。

「仕事量や仕事の難易度　＝　収入」

ではなく、相手が感じている

「あなたの価値　＝　収入」

これが正しい考え方です。

同じ内容の仕事を受けたとしても、相手があなたを「ただの下請け」「便利な作業員」と考えているなら収入は下がります。反対に「無くてはならないパートナー」と考えているなら、あなたが満足のいく収入になるでしょう。

フリーランスは**「自由に相手を選ぶ」ことができます**から、自分の価値を正しく見てくれる人とつながってください。そうでない人とは、つかず離れず付き合うか、バッサリ切り捨ててしまうのが良いでしょう。

7-5 スキルを味方に転職で稼ごう

フリーランスって厳しいですね。安定した収入が欲しいんですけど、安全な稼ぎ方はないですか？

それなら「時間と場所と収入の自由」はありませんが、転職して収入をアップするという方法があります。

考え方によっては、サラリーマンは究極の定期収入事業ですもんね。これが現実的かな～。

プログラミングスキルの評価は高い!

プログラミングスキルを身につけると、有利な条件で転職することも可能です。また、プログラミングスキルがあると、次のような評価をされる傾向があります。

- **新しいものを生み出す創造力**
- **自ら学ぼうとする意欲**
- **ものごとの仕組みを理解する論理的思考**
- **やりとげる粘り強さ**
- **数字をベースとした感覚**

よって、エンジニアへの転職だけではなく、ITスキルが必要となる業界や業種への転職でも有利になるでしょう。

プログラミング言語別年収

転職に有利なプログラミング言語を見てみましょう。2018年に求人検索エンジン「スタンバイ」が報告した内容を見てみると、次のようになっています。

- **1位：「Go」で年収600万円**
- **2位：「Scala」で年収600万円**
- **3位：「Python」で年収575万円**

このように、転職ではプログラミング言語によって年収に違いが出てきます。これは言語によって開発するシステムの特性に違いがあるため、要望の難易度が変わるため、そして指定された言語を使える人材が不足しているため、という3つ条件によって変わってくるのです。

IT業界は人材不足

以前から言われ続けていることですが、でも未だに解決することがありません。IT業界は慢性的な人材不足なのです。

経済産業省の調査結果によると、2018年には22万人が不足しているということです。そして2020年に予想される不足は約30万人、2030年には約45万人が不足するということです。

人材が不足しているということは、売り手市場ということですから、自分にとって**納得のいく条件を提示している転職先をじっくり選ぶことができる**でしょう。

AIブームに乗るならパイソン

新聞をはじめとするメディアを賑わせているキーワード「AI」。人工知能や機械学習を視野に入れて転職を考えるのなら、「Python」を外すことはできません。今や、「AIといえばパイソン」という状態ですし、今後はAIや機械学習、IoTを含めてパイソンを扱える人の募集も増えるでしょう。さらにパイソンを扱う人の年収も増加すると予測されているため、きちんと基礎を習得すれば転職にも有利になるはずです。

プログラミングスキルは潰しが効く

プログラミングスキルは、1つの会社だけで通用するスキル、特定の業界だけで通用するスキルではありません。ITが必要となる会社や業界であれば、**どこでも活用できるスキル**です。これは会社員として転職する場合も、フリーランスとして活動する場合も、会社員のまま副業で稼ぐ場合も同じです。

ITを使って今までよりも便利にしたい。今まで出来なかったようなことを実現したい。もっと自動化したい。こういった要望を持っている人がいる限り、プログラミングスキルを持っている人は、いつでも**必要とされる可能性が高い**のです。

あなたが今後、どのような稼ぎ方を選ばれるのかはわかりません。どんな稼ぎ方を選ぼうと、それはあなたの自由です。しかし、プログラミングスキルだけは身に付けておいて損はありません。

なぜなら、先ほども言いましたとおり、プログラミングスキルはデジタル時代に不足している人材であり、ほぼすべてのビジネスに必要となっているからです。

AI時代の必須スキル。今後の教養として不可欠なスキル。プログラミングはあなたの発想を具体化する道具です。プログラミングスキルを使って、AIには簡単にマネできない「アイデアの人」をぜひ目指してください！

おわりに

本書をお読みいただきまして、ありがとうございます。

これまで、エンジニアという仕事に興味を持ち、ゼロから独学でプログラミングスキルを習得したい方からご質問をいただく中で、私なりに気になることがありました。それは「プログラミングは必須」「プログラミングを知らないと、AI時代に仕事がなくなる」「小学校からプログラミングを学ぶのだから、大人が知らないでどうする」といった話が気になったので学習を始めた方達が、

- **やっぱり専門書は理系の人でないと理解できない**
- **なぜ計算するのか、理由がわからないので覚えられない**
- **課題をやってみても「ふ〜ん、だから？」というのが多い**

このような話をされることがあり、私が勉強していた30年前と何も変わっていないんだな感じたことです。

プログラミングは、これからのビジネスシーンで間違いなく必要になるスキルだと思います。しかし、実際にプログラミングを少しでも理解して使える人はというと、圧倒的に不足しているのが現実でしょう。このような状況を変えるためには、プログラミングを得意とする理系出身者だけではなく、もっと広い範囲の方々にもプログラミングスキルを身につけてもらいたい。

もし、あなたが書店で本書を手に取り、「理系じゃないけれどプログラミング、やってみようかな」と最初の一歩を踏み出していただけたのなら最高にうれしいです。

最後に、この本が完成するにあたって、ソシム株式会社の編集部の皆さん、この本に関わってくださったデザイナーさんやDTPの方々へ、心から感謝しています。

そして、ここまでお読みいただいたみなさまへ。

プログラミングって、誰にでもできるものなんです。学歴や教養はあまり関係ありません。もちろん今の収入も関係ありません。プログラミングスキルに最も影響することは、なにより「継続すること」です。本書を終わられたときには、次のレベルへステップアップしてください。毎日5分でもいいので少しずつでも続けてください。その積み重ねがあなたの人生を豊かで楽しいものへと変えてくれることでしょう！

2020年4月　ブルーベリーが開花した木津川市の自宅より　日比野新

著者紹介

日比野　新（ひびの　しん）

私は48歳のとき、サラリーマンという働き方を辞めました。そしてフリーランスの道を選びました。
フリーランスの道を選ぶまでは、サラリーマン生活30年の中で5度の転職を経験しました。そして5度の転職の中で、正社員から契約社員、派遣社員といった働き方を経験しています。このような経験は、人によってはつらいことかもしれません。しかし、私はあまりつらいと感じたことはありませんでした。というのも、いつまでもサラリーマンを続けている気はありませんでしたし、タイミングがやってきたら辞めようと常に考えていたからです。

現在は、フリーランスのソフトウェアエンジニアであり、ECサイトやメディアサイトの企画・設計・構築のアドバイスや、マーケティングやプロモーションのお手伝いをしつつ、セールスコピーライターとしても活動しています。
こういった仕事のほかにも、機会をいただければこうやって本を書いたり、クライアント様へコンテンツ作成の講座を開いたり、プログラミングを学びたい方へ養成コースを提供したり、サラリーマン生活をメインにしていたときには考えられないようなことを経験させてもらっています。

今でこそ、自分の名前でお金が稼げることを知っていますが、サラリーマン時代には「お金は会社から貰うもの」だと思っていましたし、景気が悪くなるともらえるお金が少なくなるので節約するしか方法が思いついていませんでした。しかし、知人から副業でプログラミングの仕事を依頼されたことで人生は大きく変化し、「お金は会社以外からも得られるもの」「がんばればその分だけ稼げるもの」と思えるようになりました。

あなたも、今はまだ「自分の名前で稼ぐなんて」と思っておられるかもしれません。
でも、自分の可能性を捨てないでください。本書でプログラミングのスキルを身につけ、新しい収入源への一歩を踏み出し、ぜひ人生を変える機会をつくってください。

カバーデザイン：植竹裕（UeDESIGN）
本文デザイン・DTP：有限会社 中央制作社

文系でもはじめてでも稼げる！
プログラミング副業入門

2020年 6月25日　初版第1刷発行
2021年 5月 6日　初版第3刷発行

著者　日比野 新
発行人　片柳 秀夫
編集人　志水 宣晴
発行　ソシム株式会社
https://www.socym.co.jp/
〒101-0064　東京都千代田区神田猿楽町 1-5-15 猿楽町 SS ビル 3F
TEL：(03)5217-2400（代表）
FAX：(03)5217-2420

印刷・製本　株式会社暁印刷

定価はカバーに表示してあります。
落丁・乱丁本は弊社編集部までお送りください。送料弊社負担にてお取替えいたします。
ISBN 978-4-8026-1250-0